西村幸夫講演・対談集

まちを想う

Yukio Nishimura

西村幸夫

鹿島出版会

装幀：間村俊一

カバー表上・袖・本扉：吉田初三郎「近畿を中心とせる名勝交通鳥瞰図」
カバー表下：同「長野電鉄沿線温泉名所案内」
カバー裏：同「日本鳥瞰中国四国大図絵」
表紙：同「日本鳥瞰近畿東海大図絵」
（京都府立京都学・歴彩館 京の記憶アーカイブより）

はしがき

本書は、ここ七、八年内に各地で講演したり、対談したりしたもののうち、手元に文字化された刊行物が残されているものから、主要なものを抜粋して編集したものである。話し言葉であるという性格上、かみ砕いた表現や議論が主で、やや冗長に感じられるかもしれないが、現場の雰囲気を伝えるためにあえて加筆等は最小限に抑えた。

テーマは景観のとらえ方や伝統的建造物群制度の今後といった大きなものから、各地の地域の個性を考えるという個別具体的なものまで多様であるが、いずれも地域から学んだことをもとに語っていることに変わりはない。

それにしてもここまで各地のまちと付き合ってきて、身に染みて思うのは、地域は多様であるが、それぞれに異なっていることにも理由があり、その背後には地域を造ってきた人々の意志や意図が込められていることである。だから地域はそれぞれに魅力的なのだ。そしてまた、地域は一見すると変化に乏しいようではあるが、数十年というスパンで見ると、確実に変化を遂げているということである。

同時に、魅力的な地域には魅力的な人が住んでいるということ、つまり、魅力的な人が魅力的な地域をつくりあげてきたのと同時に、魅力的な地域はその地域のことを大切に想う魅力的な人をつくりだしてきたという事実である。地域形成と人間形成の間にはのっぴきならない関係がある。

また、固有の地域に深く沈潜することが、同時に個別の地域を超えた普遍性へつながるということも実感する。個々の地域の固有性の先に地域を超えた普遍的なものがひらけているのである。

なお、本書と時を同じくして『西村幸夫文化・観光論ノート』を同じく鹿島出版会から上梓することとなった。これは、この講演・対談集とほぼ同じ時期に書かれた文章を集めたものである。ちょうど歴史まちづくり法の制定や歴史文化基本構想のスタートアップから展開の時期にあたっており、同時にインバウンド観光がにわかに脚光を浴びることとなった時代における奮闘の産物となった。あわせてお読みいただけるとありがたい。

両書とも鹿島出版会編集部の安昌子氏、川嶋勝氏の手厚いサポートによって刊行までたどりつくことができた。両氏に厚くお礼を申し上げたい。装幀デザインは間村俊一氏にお引き受けいただいた。かっちりした魅力的な仕上がりに感謝申し上げます。また、講演・対談という性格上、対談に応じてくださった方々、こうした発言の機会を与えてくださった主催者や、文字おこしをしてくれた各地の担当者がおられる。そうした方々に再度連絡を取り、本書への転載への了承をいただいた。快諾してくださった各地のまちづくりにあたる方々に、この場を借りてお礼を申し上げたいと思う。

本書の刊行が私の二〇一八年三月の東京大学退職間際になったということは、これは私の卒業発表のようなものだともいえる。ただし、地域の個性探求のなかで地域から学び、それをもとに地域への貢献を続けるというこれまでの旅が、これで終わるというわけではない。むしろ、新しい旅のスタートラインに立つという高揚感に包まれている。

「足元を掘れ、そこに泉湧く」という言葉を信じてここまでやってきたが、これからもさらなる学究の旅を続けたいと思う。

地域とともに生きる人々に、限りない敬愛の意を込めて本書をささげたい。

二〇一八年一月

西村　幸夫

目次

第1章

まちの個性を追究する

1　景観の概念——景観の特質をいかにしてとらえ、景観をどのように理解するか

Ⅰ　景観の四つの特質

景観には以下の四つの大きな特質があります。

第一に、景観は総合的な環境指標であること。私たちの身の回りは個人の住宅やオフィスビルなどの建築物のほか、道路や公園などの公共施設、さらには川や港、背景となる山々など多様な構成要素からなっています。通常、これらの構成要素はそれぞれを対象とした専門家や専門組織があり、異なったルールのもとに管理されています。

しかし、これらを一つの風景として眺めるとき、そこには管理区分や所有区分などはありません。全体が一つの景観として感受され、一つのものとして評価されるのです。したがって、景観は総合的なものであると同時に、これら全体がもたらす環境の価値を総体として表現する指標となるのです。

通常、景観のことを論じるときは、それが美しい景観か否かということがテーマとなり、その判断にあたって主観が入り込む余地があることから、議論が難しいと言わ

れることがあります。

しかし、美しい景観と一般にされている景観の多くは安全で、緑が多く、住環境としても快適なものです。つまり、そうした人間の生活にとって望ましい環境を私たちは「美しい」と感じるものなのです。ちょうど体に良い食べ物を「おいしい」と感じるのと似ています。この点からも景観とは総合的な環境指標であるといえます。

以上のことを別の角度から述べると、景観は一目瞭然であるという性格をもっているということになります。これが景観の第二の特質です。

どんなに理屈を並べ立てても、目に見える風景としてそこに実現されていなければ、その景観は評価されません。どんなに景観形成のプロセスが注意深いものであったとしても、結果が問われるのです。そしてその結果は誰の目にも一瞬にして判断できるものなのです。

しかし、このことは結果がよければプロセスは問題外であるのか、というと必ずしも常にそうだというわけではありません。景観の価値には主観的な面もあり、そこではその景観をどのように評価するかというプロセスが影響をもっている場合が少なくないからです。

景観は一目瞭然であるために、誰でも評価することができます。つまり景観は参加をうながす民主主義的なツールとして有効です。これが景観の第三の特質です。

ある一つの風景を生み出すために官民さまざまな当事者の努力や工夫が必要です。これらの工夫は建築デザインのレベルのものから、法律や条令に関わるもの、補助制度による誘導など多様です。

しかし、これらの事情を知らなくても、結果としての景観を評価することは誰にでもできるものです。専門的知識がなくても問題ありません。誰でも目の前の景観に対して、一人の生活者としては平等ですので、平等な意見をもった者同士としてフラットに関わることになります。参加をうながす民主的なツールとして景観ほど平明で、誰もが共通して関心をもてるものはほかにありません。

先に景観の第一の特質として、総合的な環境指標であると述べましたが、この点とこの第三の特質とを併せて考えると、「より良い」といえる景観は多くの人がそのように感じる景観だということになります。それは環境指標として景観が民主性をもっていることを意味しています。

当たり前のようなことですが、これによって景観論議が主観的になることを避けることができるのです。多くの人が良いと感じる景観が、良い景観なのだという、一見当たり前な、しかし考えてみると健全な民主主義的な判断が得られることになります。

もうひとつ、景観の特質として、後述するように景観を成り立たせている背景を知れば知るほど、より深く景観を理解することができるということがあげられます。これが四つめの特質です。

もちろんどのような事物でも、その背景を深く知ることによって理解が深まるというのはいえることではあります。ただ、景観の場合は、上記の第二第三の特質のように、一見とっつきやすく、誰でも意見をいえるものであるにもかかわらず、奥が深いという側面をもっているということがユニークなのです。

以下、この第四の特質を少し詳しく見てみましょう。

2　景観を考える三つのスケール

目の前に広がる景観は、ごく近くの足もとの物理的な環境からはるか遠くの山並みまで大きな幅があります。これを分類すると、身近な近景、近くの建物が目に入る中景、そして背後の遠景におおまかに分けることができます。浮世絵に描かれた風景もこうした三つの景観に分けられると言われています。

これを物理的なスケールに翻訳すると、近景は建物の単体とその周辺のレベル、中景は街区や地区のレベル、遠景は都市全体を対象とするレベルとみなすことができます。つまり、目に飛び込む景観を単体スケール、地区スケール、都市スケールに分けて考えることができるのです。

このことは、単に景観を分析する際の視点であるということに限らず、より広く、都市や地域の理解の仕方、単体建物の周辺配慮のあり方、さらには都市計画の立案プロセスなどさまざまなところで応用可能だと考えます。都市計画でよくミクロレベル、メソレベル、マクロレベルという言い方をしますが、これが単体、地区、都市の各スケールに相当します。

この三つのスケールはまた、部分からものを考えるアプローチ（すなわち単体スケール）と全体からものを考えるアプローチ（すなわち都市スケール）とその中間（すなわち地区スケール）という違いがあります。景観の真骨頂は、部分から考えるものの見方と全体から考えるものの見方が融合するところにありますから、いわばその中間領域——地区スケール、中景、メソレベルの景観にその特質がいちばんよく現れるといえるでしょう。

つまり、景観の問題は最終的には地区スケールで物事を語るときにもっとも重要になります。そしてそれは、部分から景観を考えるアプローチと全体から景観を考えるアプローチを融合したものでなければならないのです。

3　景観をとらえる四つの軸

ある土地に立って周辺の風景を見渡したとき、そこの景観の特徴をとらえるためにはいくつかの固有の視点をもつことが有効です。それを軸と表現するならば、四つの視点の軸によって景観をより広くより深くとらえることができると思います。——自然軸、空間軸、活動軸、歴史軸の四つです。

自然軸とは、自然地形がもたらす景観をとらえる軸です。ここでいう自然地形には、山や川などの大きな地形からわずかな傾斜地などの微地形まで、非常に広くのものが含まれます。

空間軸とは、こうした自然地形のもとに人間活動によって道路などの都市施設が造られ、まちができていくなかで生まれてきた空間を中心に景観をとらえる軸です。

活動軸とは、その空間の中で営まれている人間活動から景観をとらえる軸です。ここでいう人間活動には商店街やオフィス街などの経済的な活動もありますし、お祭りなどの祭祀儀礼なども含まれます。

歴史軸とは、これらの三つの軸から見た景観が歴史の経過とともに変容していく様子全体を景観の側面からとらえる軸です。

こうした四つの軸を前述した三つのスケールでそれぞれにとらえるというマトリク

スを考えると、景観のとらえ方がより精密に、立体的になっていくといえます。

4　四つの軸を三つのスケールで考える

では、実際に四つの軸それぞれの見方を三つのスケールに分解して、実際に景観のどのような側面をとらえていくのか、見てみましょう。

まず、自然軸です。

自然軸を都市スケールで考えるとは、都市や集落の立地そのものを自然地形の中で考えるということに帰着します。山裾や河口に都市や集落が立地するということには理由があります。そしてそれがまちの背景、骨格として景観の大枠を決定づけています。これを大景観と称することもあります。

自然軸を地区スケールで考えるとは、都市スケールの大きな地形の中である地区がどのような位置を占めているかを考えることです。水辺に立地した都市や集落でも、すべての地区がウォーターフロントに立地しているわけではありません。都市全体の中でその地区が置かれた立場や位置を自然地形の面から考えるということです（図1）。

自然軸を単体スケールで考えるとは、都市の細かな高低差や傾斜など微地形をもとに景観を考えるということです。単体の建物を考えた場合、少しでも小高いところに建物を造って水害に備えたいなどと考えるのは自然です。このことが自然地形に対する建物単体の応答のかたちに表現されているのです。

次は空間軸です。

空間軸を都市スケールで考えるとは、自然地形を考慮に入れて人間はどのように都

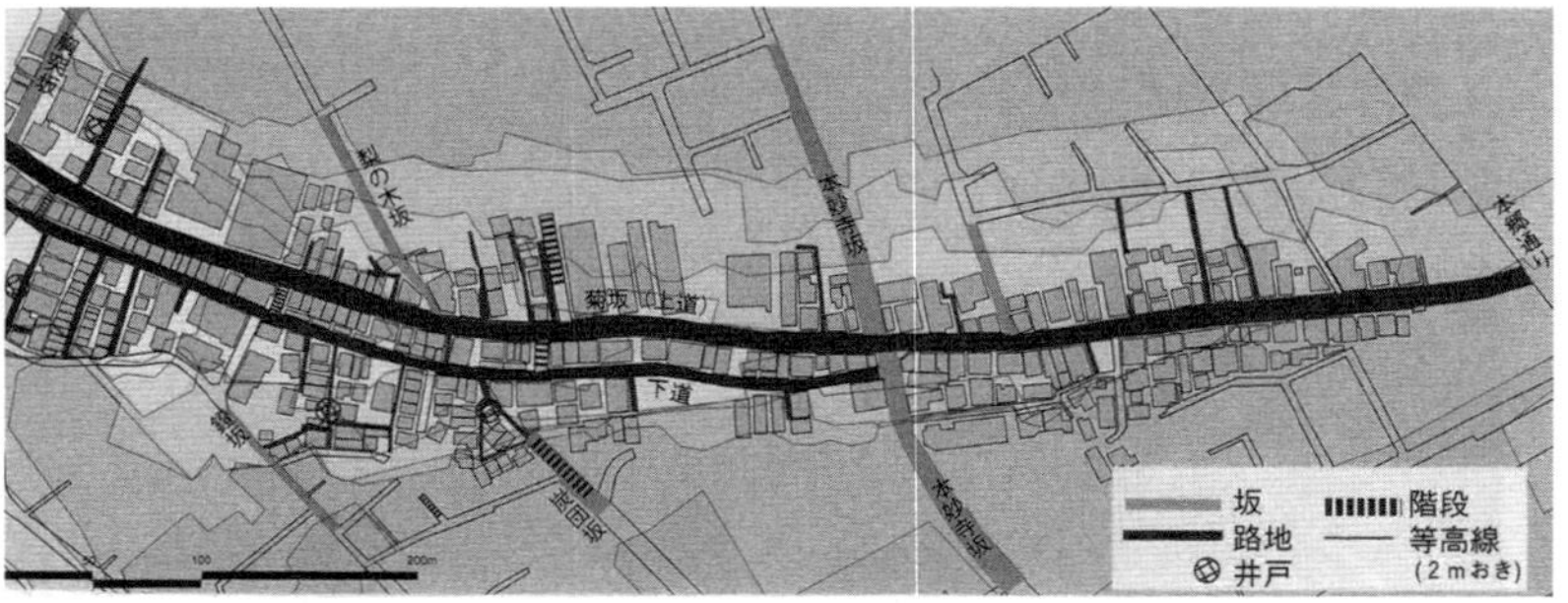

図1　菊坂町界隈の地形と空間構造。谷地形にいかに街路と建物とが配置されているかがよくわかる　出典＝『季刊まちづくり』13号、2006年12月

市や集落をつくってきたかということを検証することを意味します。いちばん大きな影響をもつのが道路による都市・集落の骨格づくりでしょう。街道が都市に入ってくる場合には、どこが都市の入り口であり、そこにはどのような入り口としての設えがなされるのか、といった視点も景観を考えることに繋がります。

また、お城や市庁舎など都市を象徴するような都市施設を戦略的にどこに造ってきたかは直接的にまち全体の景観に関わります。

空間軸を地区スケールで考えるとは、たとえば周辺に並ぶ建物群の様子が町並みとして決定的に景観を左右することから容易に理解できるでしょう。しかしこれだけではなく、たとえば川には橋を架け、海辺には港を造りますが、その際にどこに橋を架け、どこに港を造ってきたのかを地区スケールで考えるということも含まれます。都市を面的に展開していく際に横丁や裏路地が造られていくわけですが、そこで形づくられる街区の大きさや形状は地区スケールでの景観に影響を及ぼします。

空間軸を単体スケールで考えるとは、景観を道路幅や街路の屈曲ぐあい、敷地規模などをもとに場所に即して具体的に考えるということです。

第三に、活動軸です。

活動軸を都市スケールで考えるとは、たとえば神社の立地を考えた場合、山の奥に奥宮があり、山辺に里宮が位置し、町中に御旅所が置かれるという配置は、山中に居ますカミが里に降りてきて、また山へ戻っていくという信仰の物語を景観のストーリーとして考えるということです。御輿の順路には隠れた都市の構造がよく現れているものです。信仰の世界を活動と表現するのは、やや問題かもしれませんが、少なくとも人間活動の結果が何らかのかたちで景観に反映されている、という意味で考えると理解していただけると思います。

もちろん、より現代的な都市の賑わいや静けさを活動としてとらえることは可能です。とりわけ日本のまちは、他のアジア都市と同様に、人口密度が高く、人間の活動する姿が景観の至る所に現れてきています。こうした人影や人間活動の様子を含めて景観を考えることは、特にアジア都市にとっては重要なことになります。

活動軸を地区スケールで考えるとは、地区の経済活動やコミュニティの活動から景観を見るということです。小さな広場や公園が、あるとき地域の活動の舞台として一瞬光り輝くというようなこともあります。このように普段は見過ごされがちな小さな景観も特定の活動との関連を考えると高く評価できる場合もあるのです。

活動軸を単体スケールで考えるとは、建物周りで展開されるような個人的で日常的な活動から景観を組み立てて考えるということです。子どもたちの遊び場やお年寄りのひなたぼっこなどの居場所からも景観を考える重要な手がかりを得ることができます。

最後に、歴史軸です。

歴史軸にはこれまで述べた自然軸・空間軸・活動軸のいずれも当てはまりますので、言ってみれば、上記のものの見方の歴史的な変化をたどるということだと要約することができます。さらに言葉を費やすと以下のようにいえるでしょう。

歴史軸を都市スケールで考えるとは、都市や集落の大きな変容をまとめて考えることを意味します。そうした変化には意図したものと意図しなかったものとがあるでしょうが、いずれの場合も景観としてとらえると結果としてすべて見えてしまうものなので、同じ平面で考えることになります。

歴史軸を地区スケールで考えるとは、地区レベルでの景観の変化を歴史的にとらえ

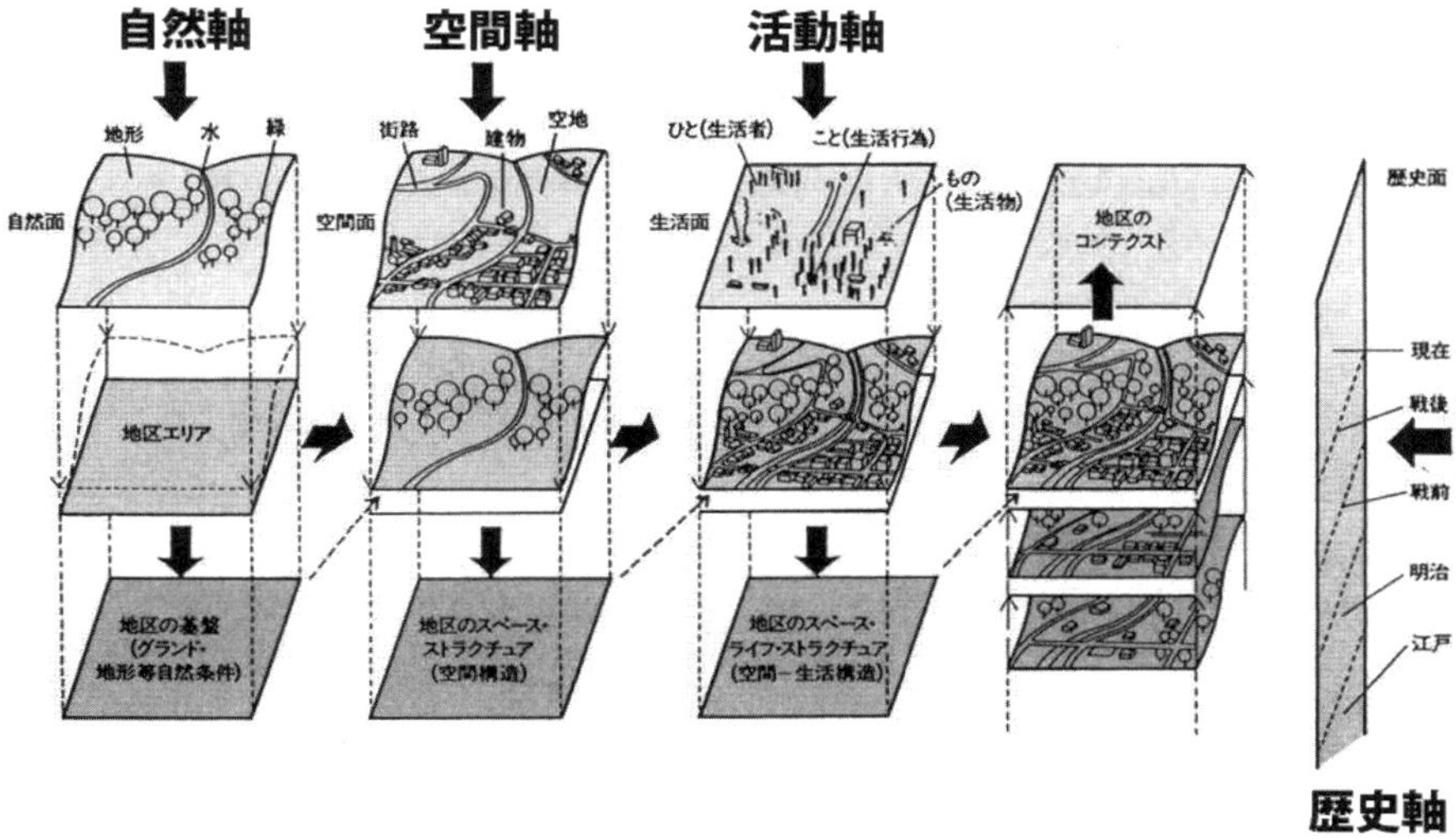

図2　4軸と3スケールのマトリックスを図示したもの。地区理解のあり方が具体的なかたちとして示されている
出典：東京都『周辺環境に配慮するための手引――地域の文脈を解読する』1997年

	調査・評価段階	基本構想・計画段階	実施計画段階	具体的規制段階
広域レベル	・都市の位置づけとその変容 ・地勢の理解	・風景計画の立案 ・広域オープンスペースの保全	・特定都市の選定 ・地域個性の把握	・行政組織との対応 ・広域計画との整合
都市レベル	・都市構造とその変容	・都市周辺緑地および農地保全 ・計画課題の整理	・特定地区の選定 ・地区別課題の整理	・法定都市計画との整合 ・各種例規の検討
地区レベル	・都市の中での街区の位置づけ ・街区の構造とその変容	・地区保全の基本方針 ・保全整備のマスタープラン	・主要資産の分布 ・地区整備計画との整合	・集団規定の見直し ・ガイドラインの具体的数値の確定
単体レベル	・資産総合目録 ・資産基本台帳 ・調査項目づくり	・保全整備の基本方針	・保全整備計画の立案	・保存修理計画 ・維持管理計画 ・再利用計画
仕組みレベル	・調査の組織体制づくり ・調査・評価における市民参加	・計画理念の整理 ・条例、ガイドライン等の制度設計	・条例等の制定 ・事前協議等の制度化 ・運用の仕組みづくり	・会議運営情報公開等のルール化 ・規制や助成措置の検討

表1　都市保全の視点から、スケールごとに各段階で行うべき作業を示したもの。景観一般においても同様の作業が求められる　出典：西村幸夫『都市保全計画』東大出版会、2004年

るということですが、とりわけ近代化や現代化といった都市の節目にあたってその地区がどのような変化を受け入れてきたのか、それが痕跡として現在の地区にどのように残されているのか、それをどのように読み取ることができるのか、という点が重要になります。

歴史軸を単体スケールで考えるとは、大きな歴史の流れを、あたかも定点観測のように一つの地点から眺めてみると、どのようなストーリーを物語ることができるのか、という点を明らかにする作業です。

図2は四つの軸を三つのスケールで考えるということをマトリクスで表したものです。また、表1はこのマトリクスを歴史的環境保全の側面から見ると、どのような作業をやるべきなのかを表したものです。景観一般に関しても、同様の分析が可能だと思います。

5 景観からのまちづくりへ

以上見てきたように景観はボトムアップのまちづくりを進める有力な手がかりです。景観を手がかりとしたまちづくりを進めるためには、地域住民にとって興味のもてる魅力的な物語を地域の景観が内在させていることに気づくことが必須です。見事な歴史的建造物や町並みが残っているところであれば、わかりやすいのですが、すべての地区にこのような見やすい手がかりが残っているとは限りません。

そのとき、ここまで述べてきたような景観分析の手法、すなわち景観を自然、空間、活動、歴史という四つの軸に分解してとらえること、同時に都市、地区、単体という三つのスケールで理解しようとすることによって、さまざまな物語に至るおのおの景観の特質を把握することができると考えます。

2　歴史的集落・町並みの保全――未来への展望

はじめに――伝建制度との関わり

伝統的建造物群保存地区制度三五周年、おめでとうございます。

個人的なことですが、伝建制度は私が大学院に進む頃に創設されました。ある意味で、この制度は私にとっての先生でした。専攻は都市計画です。大規模な都市計画にはなじめず、歴史や文化を活かした都市計画に関心があったのですが、当時の仕組みではなかなかできませんでした。そういうことを扱う講義もなかったことを覚えています。

伝建制度が創設され、昭和五二～五三年度には、橿原市今井町（奈良県）で、建設省（現・国土交通省）と文化庁が歴史的市街地整備のための合同調査を行いました。このとき、今井町の町家の中に入り、町家がもつ都市型住宅としてのシステムのすごさに感動しました。

当時は、農家や武家屋敷のようなものと比べ、近代までに成立した都市型住宅のスタイルには、あまり目が向けられていませんでした。周りに迷惑をかけず、自立的に生活ができ、繋がると美しく、それぞれが少しずつ個性を主張するけれども調和がある――こういう都市の作り方があり得ることを知って、たいへん驚きました。これは学ぶに足ると思い、以来、文化財保護と都市計画の間に立つような仕事にずっと携わってきたわけです。

私が今井町で感じたようなことは、教室では学べません。ですから、今でも、学生たちには現場に行くことを勧めています。私自身も、現場を教室としていろいろなことを教わってきました。

たとえば、町並み調査をしていると、何か規制がかかりそうだという噂が立って、早々に取り壊されてしまうことがあります。単に科学的な価値を解明し、保存方法は後で考えるというわけにはいきません。調査全体が、その建物や町並みが大事であることを知ってもらう一つの運動なのです。

その後、いろいろな分野に仕事が広がっていきましたが、住民参加、合意形成、景観コントロールなど、大切なさまざまな事柄を現場で学んだと思っています。

今日は、伝建制度に育てられた者として、この制度の今後について考えてみたいと思います。個人的な考えなので、批判もあるかもしれませんが、ご容赦ください。

文化財保護法と伝建制度

これは、岐阜県飛騨市の古川町です。一九八五年から二五年経つなかで、町並みはこのように変わりました（写真1、2）。伝建地区ではありませんが、かなりの努力によって、町がだんだんと魅力をもち、成熟してきたように思います。

しかし、このような写真を海外で見せ、日本の町並み整備、町並み保存として紹介すると、必ず質問されることがあります。それは、環境として良くなっているのはわかるが、町並みとして何がオーセンティックなのかということです。私は、日本の町並み保存が間違いであるとは思いませんが、海外から見ると、やはり少し感覚が違う

写真 2A　古川町街角整備、1986 年撮影

写真 1A　古川町瀬戸川沿い、1986 年撮影

写真 2B　1990 年撮影

写真 1B　1995 年撮影

写真 2C　1995 年撮影

写真 1C　2002 年撮影

写真 2D　2003 年撮影

写真 1D　2003 年撮影

ようです。

日本では、伝統的な建造物の多くが木造です。都市や町並みも、ある時代にピークに達して後に衰退していくというよりは、少しずつ直し、良くしながら受け継いできた経緯があります。

伝建制度には、修理しながら守るものと、修景によって周囲と調和させるものとが含まれますが、この「修景」という言葉は、もとは造園から来ていると言われています。造園では、植物を管理して庭園などを造るように、変化を許容しながらその空間を良くし、次の世代に引き継ぐ作業が行われます。修景という行為は、明らかに一般的な文化財の発想とは異なります。一九七五年の段階で文化財保護の中に組み込まれたこの発想を、私たちは、改めて評価し直す必要があるのではないでしょうか。

一九六〇年代以降、各国で面的保存の制度が作られますが、大半は独立した制度です。ところが、日本は非常にユニークで、面的保存を文化財保護法の文化財の一類型として取り入れました。

もともと日本では、史蹟（のち史跡）・名勝・天然紀念物（のち天然記念物）、特別保護建造物、重要美術品など、保護のニーズに応じてさまざまな制度を作り上げてきました。その後、戦争があったことに加え、法隆寺の火災もあって、これら全体を一つにまとめる力が働き、一九五〇年に文化財保護法が成立したと言われています。

「文化財」という総合的な言葉のもとに、有形文化財、無形文化財、民俗文化財、記念物といった発想を広げている国は、世界にあまりありません。韓国が同じような法律をもっているのは、一九六〇年代になって日本を参考に作ったからです。

文化財として全体を語ろうとするなかで、伝建制度は少し異質です。それは、人が住んでいることが伝建地区の本質となっているからです。おそらく今の制度運用では、人が住んでいないところは、伝建地区にはならないのではないでしょうか。他方、人が住んでいることを基本とする限り、変化を許容していかなければなりません。

歴史的な集落や町並みが成立したときには、電気も、水道も、車もありませんでした。また、大家族から核家族になるなど、社会システムも大きく変わりました。電気や水道のない時代に町並みを戻すことは当然できませんし、社会の変化にも順応しながら、何とかうまく受け継いでいかなければなりません。

そのためには、ある程度の変質をさせながら受け継ぐことを考えなければならないわけで、伝建というのは非常に計画的な文化財であるといえます。オーセンティシティの尊重も、こうした制約の中にあるのです。

集落・町並みを守るとは、何を守るということなのか
――形態かその背後の社会か、真実性か全体性か

では、いったい何を守れば集落・町並みを守ることになるのでしょうか。石や煉瓦の文化では、生活の様式が多少変わっても、基本的なスケールを変えずに建物を維持することができます。一方、日本の木造建築は、基本的に材料を入れ替えたり、建て増したり、建て替えたりすることが仕組みとしてビルトインされています。ですから、ある程度緩やかな変化を許容しながら、集落・町並みを守っていくことを考えなければならないわけです。

一度、伝建地区制度が創設されたときに文化庁の建造物課長として尽力された伊藤

延男先生に、制度の名称に「歴史的」ではなく「伝統的」という用語を充てた背景についてお伺いしたことがあります。昭和四一年に制定された古都保存法（古都における歴史的風土の保存に関する特別措置法）では、歴史的風土という言葉を使っています。この法律では、ある時代の政治や文化の中心として歴史上重要な位置づけにある都市といった非常に価値が高いものに、「歴史的」という言葉を使っています。一方で、「伝統的」という言葉は、状況に応じて近代や現代まで許容し、さまざまなものを含む余地をもっています。「歴史的建造物群」ではなく「伝統的建造物群」と名づけられたのは、ここに理由があったというお話でした。ですから、伝建地区では形態だけではなく、その背後にある社会システムのようなものをうまく守っていかないと、守ったことにならないのではないかと考えています。

次に、真実性か、全体性かということですが、社会の仕組みまで守ろうとすると、全体をどうにかする必要があります。最近の伝建地区はだんだんと広がってきていますす。山や川や海まで含んだ地域の全体性を守ることに向かっているようにも感じられます。京都市の祇園新橋が伝統的建造物群保存地区とされた頃のように、ある限られた範囲に、非常に重要なものが残っていて、これは本物であるという「パーツの真実性」から、「全体の仕組みの完全性」へと移ってきているのではないでしょうか。

これはまた、世界の流れでもあります。

しかし、欧米の保存地区（conservation area）には、建築物群（groups of buildings）としてとらえられるような小規模なものも、依然として多く見られます。都市計画で全体を包含する仕組みがあり、大きな都市計画の中のパーツとして考えられているからです。ところが日本では、最近少しずつ改善されてはいるものの、都市計画は都市計画で別に考えられています。ここに計画制度の日本的特色が如実に表れているのです。その意味で、日本では、まず、文化財としての全体性を考える必要があると思っています。

許可基準、修景墓準

日本では、一つの保存地区の中で修理と修景が行われているというお話をしました。修景のとらえ方は、国によっても異なるし、日本でも地域によって異なります。たとえば、フランスでは、にせ者をわからなくしてしまうのは良くないという発想が一般的です。ドイツは戦災に遭っているので、もう一度きちんとしたものをつくることが、全体的に許容されています。日本では、それぞれの地区が、それぞれの戦略を立てているようです。

これは、川越市川越伝統的建造物群保存地区（埼玉県）にある建物です（写真3A）。建物の正面を連続させて街路空間を作る、四間・四間・四間のルール、片側に通り土間を設ける（写真3B）、奥に中庭をとる（写真3C）など、地元商店街が自主協定として作ったデザインコードを満たしています。しかし、伝統的な建物とは材料も見た目も全然違います。皆さんにとって、これは、許容できるものですか。この修景をきちんと議論し、解釈することは、とても大切なことであると思います。

以前は修理基準と修景基準だけだったようですが、許可基準として最低限守らなければならないことを明らかにしたことで、これが議論の俎上に上がってきたように思います。

私個人は、川越のこの建物のような例があってもいいと考えています。日本では、

写真3A　川越市川越の新築建物、外観

写真3B　川越市川越の新築建物、内部に設けられた通り土間

景観そのものに調和がない状態が普通ですから、調和を再確立することが大きな目標になっています。その観点から、同じ現代の建築であっても、この建物がもつスケール性と空間の解釈は、巨大なマンションが建つこととは全然違うわけです。この建物には、全体を支えようという意志が感じられます。ただし、このような建物ばかりで伝建地区が埋め尽くされてしまうのは、いかにも違和感がありますので、限度というものは必要でしょう。

単に建物の材料や意匠という切り口だけではなく、その都市がもっている空間構成としてのオーセンティシティまで含めて、建物のデザインの是非を議論する仕組みが、それぞれの伝建地区に作られる必要があるのではないでしょうか。

写真3C　川越市川越の新築建物、奥にとられた中庭

未だに定着しない用語
——保存（preservation）か、保全（conservation）か、保護（protection）か

日本の用語は、まだまだ整理が不十分であるように思います。私たちは、通常、「町並み保存」とか「伝統的建造物群保存地区」というわけですが、これは保存修理の「保存」とは意味が違います。保存修理というのは、形状や意匠、材料や仕様、技術や技能まで含めてオーセンティックに保存することで、英語で言えば「preservation」に該当すると考えられます。ところが町並み保存は、一〇〇年前の状態で凍結したら博物館にしかならず、まったく現実的ではありません。ですから、同じ「保存」でも、単体の歴史的建造物に対して使うときと、集落・町並みに対して使うときとで、ニュアンスが異なるのです。

私は、日本の用語をもう少しきちんと整理する必要があると思っています。自然保護では、自然は「保全（conserve）」するものと考えられています。たとえば、樹木は生態系という全体の仕組みの中では守られていますが、実際には少しずつ成長していきます。このように、変化を含めて生態系として守ることが「保全」なのです。一方で、動植物の種は、それ自体をなくしたり変えたりするわけにはいかないので、「種の保存」というように、「保存」の語が充てられています。このように考えると、単体の重要な歴史的建造物に対しては「保存」を用いる一方で、町並みに対しては「保全」の語を充てた方が、誰にとってもわかりやすいように思います。

もちろん、自然に関しても、「自然保全」ではなく「自然保護」と言われているように、言葉遣いが完全に整理されているわけではありません。また、文化財保護法における「保護」は、活用まで包含しており、この点で自然保護の「保護」とは異なります。そんなに厳密に分けなくてもいいのではないかと考える方もおられるかもしれませんが、同じ用語のもとで異なる行為が行われているのは、外国人にはわかりづらいようです。専門用語の意味をもう一度見直し、単体の建造物でやっていることと、町並みでやっていることは、かなり違うということを再認識する必要があるように思います。

伝建制度の特徴――質を担保した歴史まちづくり、開発に対する許可制度、詳細な計画規制、規制と補助のバランス

伝建制度は、一つのまちづくりの制度ではあるけれども、クオリティを担保できる

仕組みを内在している点で、他のまちづくりの制度とは大きく異なります。クオリティを担保するということは、町の将来に方向性をもっているということです。もちろん、さまざまなまちづくりで、マスタープランのようなものを作成し、将来の方向性を記しているわけですが、もっとぼんやりしたものです。伝建地区の保存計画のように、ひとつの方向性を明示し、ビジョンをもったまちづくりを行えるのは、非常にユニークだと思います。

もうひとつのユニークな点は、許可の仕組みがあることです。これは、日本のほかの制度にはあまり見られません。文化財は別として、日本のさまざまな制度は、事前に明示された基準を満たせば自動的に認められるという仕組みになっているわけです。ですから、非常に細かい許可の制度をもっているのは、伝建制度の大きな特徴だと思います。

欧米先進国の都市計画は、すべて許可の仕組みをもっています。開発の権利は基本的に地方公共団体がもつもので、それをどこまで民間の開発に認めるかは自治体の裁量だという考え方がとられているのです。

一方、日本では、建築の自由が認められており、ある例外的なところだけが許可を求められる仕組みになっています。ですから、伝建制度における許可の仕組みは、日本では非常に厳格なように思われていますが、欧米から見ると当たり前の制度ということになります。

では、欧米と大きく異なる点は何かというと、日本では、許可の仕組みが補助金とセットになっているということです。補助金制度がないと、許可制度も動かないというように、裏のインセンティブをもった許可制度になっています。欧米の規制は、お金なしで機能しています。日本でも、景観法に基づく景観規制のように、補助金がなくても機能する規制が少しずつ増えているわけですから、今後は規制と補助のバランスという点でも保存のあり方を、少しずつ見直していく必要があるのではないでしょうか。

伝建制度の今後・その一
――重伝建と伝建、伝建地区の規模、伝建地区と周辺の関係

それでは、伝建制度が今後どうあるべきかについて考えてみましょう。

まず、気になっているのは、伝建地区のほとんどが重要伝統的建造物群保存地区（重伝建地区）であるという状況です。批判ではありませんが、将来もこの状況で良いのかは疑問です。もっと幅広く多数の伝建地区があって、そのなかで国が選定した部分が重伝建地区になるというのが、通常の姿だと思いますが、現実的には選定と補助金がセットになっていることもあって、なかなか理想どおりにはいかないようです。重伝建地区に選定されない伝建地区には、あまりメリットがないという考え方を、もっと多様な主体が財政支援を担うことによって、変えていかなければならないと思うのです。

次は、伝建地区の規模についてです。現在、もっとも小さな伝建地区は、金沢市主計町伝統的建造物群保存地区（石川県）で、面積は約〇・七ヘクタールです。近年では、全体性を求める傾向が広くなってきているわけですが、しかし、一方では小さな範囲でも守らなければならないものがあるのだと思います。伝建制度の活用により、

写真4　倉敷市倉敷川畔、倉敷川の背景に見える伝建地区外の建物

小規模な建築群（group of buildings）を残していくことも、積極的に検討していくべきではないでしょうか。

伝建地区については、地区内は守られるけれども、多くの場合、地区の外には高い建物を建てることが可能です。業者にとっては、隣接した伝建地区には高い建物が建たないわけですから、メリットが高く、こういうところにマンションなどが計画されることになります。いわゆるフリーライドです。このようなフリーライドをいかに阻止するか、もう少し共通の便益として建築を考えてもらうにはどうしたら良いかを考えていくことも大切です。

もちろん、これまでも、景観規制の制度を何重にもかけて規制してきた取組みが行われてきました。この他、倉敷市倉敷川畔伝統的建造物群保存地区（岡山県）の背景保全条例のような例もあります。倉敷川両岸の道路面から一・五メートルの高さにおいて視界に入らないことが、基本的な考え方になっています（写真4）。この場合も、指定された背景地区の外側に高層の建築を建ててしまえば、伝建地区から眺める景観を損ねてしまうわけです。シミュレーションをしながら、もっと三次元的に景観への影響を評価する考えや手法を発展させていくことが大切です（下図）。

伝建制度の今後・その二
——都市のアクティビティとの関係、文化的景観との関係、景観諸施策との関係

伝建制度は、「もの」を守るための制度なので、物理的な変化が起こらなければ、なかなか人の行為、アクティビティを規制することはできません。

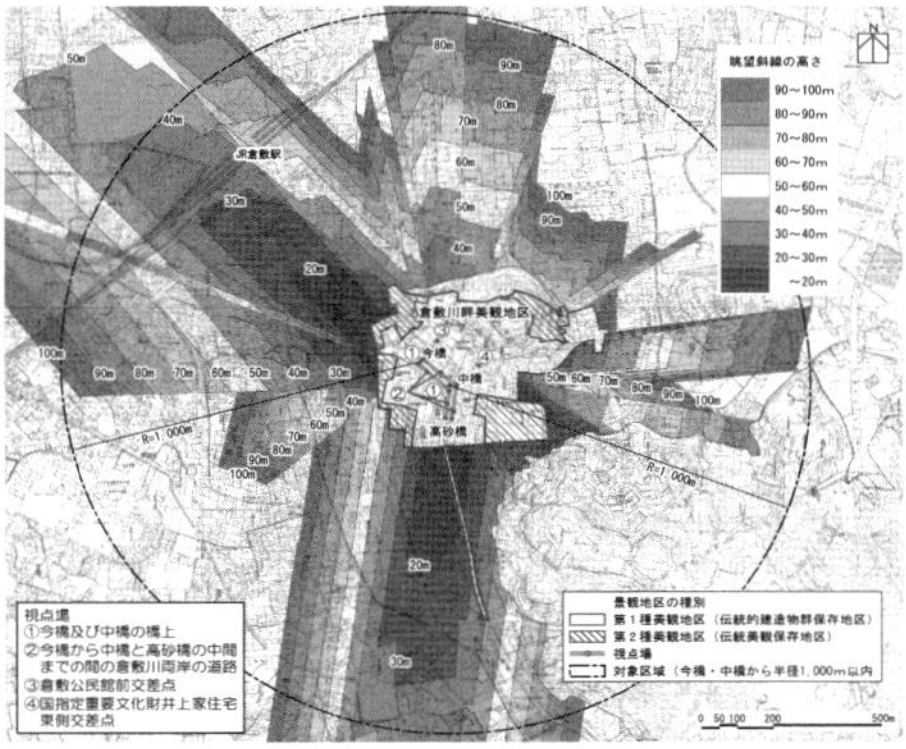

倉敷市倉敷川畔、眺望斜線による高さの概略図　出典＝倉敷市『倉敷川畔美観地区周辺眺望保全地区』

わかりやすい事例が土産物屋です。店構えを変えることなく、つまり現状変更を生じさせることなく、営業すれば、制度上の差し障りはありません。ですから、建物の所有者が変わったり、新しい土産物屋に衣がえしたとしても、そのこと自体は建造物自体に変化をもたらすものではなく、コントロールしにくいわけです。

しかし、伝建地区を生活の場としてとらえる限り、都市のさまざまなアクティビティとの関連のなかで物理的な環境を考える必要が出てくるのではないでしょうか。これは、文化財行政と都市行政が、どこまで連携できるかという問題とも関係するものです。

文化的景観との関係も課題の一つです。文化的景観が農村や山林や海辺などを対象にしている限りは、伝建地区と文化的景観の間である程度の役割分担ができますが、文化的景観に都市が含まれてくると、両者の仕分けをどこでつけるのか、あるいは、両者が調整をとりながら一つの地区をどのように守っていくのか、ということを考える必要が生じてきます。

国土交通省がもっているさまざまな景観施策とどのように連携するかという課題もあると思います。

これは高山市三町伝統的建造物群保存地区（岐阜県）です（写真5）。高山祭というアクティビティの中で、カラクリを取りつけた屋台（まちによっては山車や曳山などと称されますが、高山では屋台と呼びます）が出るわけですけれども、町並みにはこの舞台となるような設えができていなければなりません。ある特別な一日が、その景観に大きな意味を与えています。ですから、ここでのアクティビティを知らない限り、空間の意味が見えてこないわけです。屋台の巡行ルートやカラクリが出る場所などがど

写真5　高山市三町伝統的建造物群保存地区と高山祭

写真6　金沢市、長町の武家屋敷

のように配置され、都市の計画にあたってそれらにどのような意味を見出していくのかは、アクティビティ、景観整備、町並み保存が重なる作業であり、これを考えることによって、都市の全体像が見えてくるのだと思います。

「もの」だけで議論をしているとなかなか答えにたどり着きにくいなかで、アクティビティや景観といったものをどのように取り込んでいくことができるのかを考えていく必要があるでしょう。高山祭は伝統的なアクティビティですが、新しく生み出された現代的なアクティビティまで都市に受容しようとすると、議論はもっと複雑になるはずです。

これは、金沢市の長町の武家屋敷です（写真6）。この地域では、冬に備えて雪吊りや雪除けの作業が行われます（写真7）。アクティビティと設えがセットになって、景観をつくり出しているわけです。こういう日常の活動を、どういう仕組みで評価をしていくことができるのでしょうか。ケ（褻）の活動（日常的な活動）、ハレ（晴れ）の活動（特別な日の活動）がそれぞれにあるわけですから、こうしたアクティビティを含めた保存計画のようなものを、もう少しダイナミックに作っていくことが必要になってくると思います。

伝建地区と他の諸制度をどのように結びつけるかということも、考えてみましょう。冒頭にご覧に入れた飛騨市古川町は、特に伝建地区をめざしてきたわけではありません。二五年の取組みの中で、補助金が入っている部分はわずかです。主として大工さんの競争が、町並みの変化をもたらしてきたわけです。

これは、高野町（和歌山県）です（写真8）。町全域が景観計画区域になっていて、高野山の門前町の部分は、いちばん厳しい景観地区とされています。和風で、概ね高

写真7　金沢市、長町の武家屋敷における土塀の雪除け

写真8　高野町の町並み

さや軒の出がそろっており、新たな建築行為にはそれに合わせる向きでの形態意匠の制限が課せられています。ここは、今でもそれなりの門前町ですが、景観計画の中でめざす姿がはっきり示され、今後はそれに沿った町並み整備が行われていくわけです。今ある建物はそれほど古いものではなく、今後も新築が行われるなかで、伝建地区の考え方にはなじまないながらも、めざしている方向や規制力はそれほど変わりありません。

もちろん、すべてに伝建制度を適用しなければならないというわけではなく、適材適所で制度を選んでいけば良いわけですが、このように整っていく景観を、伝建地区としてどのように見るかということが、今後の議論としてあると思うのです。

伝建制度の今後・その三
——都市計画との関係、観光計画との関係、都市の文化政策として

これは、近江八幡市（滋賀県）の西の湖沿いにある白王町の集落で、権座《ごんざ》と呼ばれる湖上の田んぼで有名です（写真9）。

風景計画と呼ばれる近江八幡市の景観計画の中で、大切な風景資産として位置づけられており、基準を定めてコントロールされています。この集落も、歴史的な町並みです。水郷としての風景の一体性の中で計画されているので、文化的景観との調整が図られています。一方で、都市計画道路や用途地域との関係があります。景観計画によって非常に厳しいコントロールがかかっていても、ベースとなる用途地域では緩い容積率がかかっており、制度としては完全に整理できていない状態があるといえるで

写真9　近江八幡市、白王町の集落
写真提供＝近江八幡市

しょう。

歴史的な町並みが整備されてくると、当然人気を呼び、自ずと人が来ます。計画の最初の段階からきちんと考えておかないと、後からでは調整が利きにくい場合が多く見られます。

たとえば、初めから駐車場について計画しておかないと、地区内にできた民間駐車場を後で外に出すことは難しくなります。その施設に経済を依存し始めると、なかなか「NO」とは言えなくなるので、起こり得る変化を予測しながら、伝建の計画に取り込んでいくことが求められます。それが、いわゆるマネジメントプランです。特に観光や都市計画と絡んだマネジメントプランが必要になってくるだろうと考えています。こうなってくると、文化財を越えて、ある種の都市づくり、まちづくり、村おこしになってくるわけです。

さらに述べれば、歴史的な集落や町並みの保存というのは、非常に大きな都市の文化施策でもあります。いわば、都市のイメージを作る戦略的な政策であるわけです。最近流行のアートを使った町おこしなどと重なってくるわけです。アートを使った町おこしでも、舞台が歴史的な町並みであれば、さらに魅力を増します。雛人形めぐりを中心とした町おこしは日本中で盛んになりましたが、体育館のようなところよりは、町家に飾った方が、ずっと引き立つでしょう。器としての建造物とその中のアートは、セットになって魅力を増すのだとしたら、伝建地区が器としてあるだけではなくて、そこでどういう戦略的な文化政策を展開していくかを、一緒に考えなければならないという課題が生じてくるのではないでしょうか。

八女市八女福島伝統的建造物群保存地区（福岡県）では、保存地区の外にも町並みが繋がっているのですが、予定されている都市計画道路で地区の端部が切断されています。

最近では、実現の可能性がない都市計画道路を廃止することも検討されるようになりましたが、都市計画道路がたとえ実施されるとしても、そのときに伝建地区が果たせる役割があるのではないでしょうか。なぜなら、伝建地区であれば、都市計画事業の施行にあたり、文化財側に通知や協議が入ることになるからです。歴史に配慮した品格の高い公共事業を実現させることも不可能ではありません。

海外で伝建地区のような制度について話すと、地区の範囲を広くとって、都市計画が入るときに議論できる場を提供した方が良いという意見をよく聞きます。そういう考え方もあり得るわけです。

これは金沢市東山ひがし伝統的建造物群保存地区です（写真10）。伝建地区にするまでは準防火地域でした。こういう木造建築は、防火の観点から建築基準法を満たしておらず、法律が求める防火性能を満足させる計画でなければ、改修や新築は認められません。もともとは、法律よりも先に町並みがあったわけですから、伝統木造が既存不適格で、モルタル建築が適格というのもおかしな話ですね。でも、現在は、伝建地区にして、建築基準法の制限を緩和する条例を作らないと、伝統的な町家などをなかなか維持できない仕組みになっています。

つまり、都市や建築を計画するための基本的な調整をきちんとやらないと、伝建地区は残ったとしても、それ以外のところ、特に、商業系の用途地域がかかり、二〇〇パーセントや三〇〇パーセントといった容積率が認められているような町家地区では、歴史的な町並みを守ることがとても難しいのです。こういう点でも都市計画との調整

写真10　金沢市東山ひがし伝統的建造物保存地区

が求められています。

これは（写真3B、3C）、国交省の事業で整備した川越市の街路の事例です。こういう裏の空間を整備することによって、アクティビティを高めることができます。伝建以外の制度や事業をうまく利用しながらアクティビティを高めていくことが大切です。来訪者を面的に回遊させるための仕掛けは、物を伝統的な仕様でデザインすることとは異なりますが、デザインとしての力をもっています。デザインが力をもつ。新しいデザインであっても、古いものと調和することによって、力をもつことがあるわけです。ある意味で、これは一つの文化政策です。こういう文化政策をうまく都市政策に組み込み、伝建地区がその地域を代表する一つのイメージ景観となれば、多くの展望が開けてくると思うのです。

伝建制度の今後・その四――authenticity とintegrity，historic urban landscape

最後になりますが、本物であるということと、全体性をどう維持するかということが、大きな課題になってくるだろうと思います。個人的には、全体性を守る方向に進んでいくものと考えていますが、全体性を守るためには、範囲を広くとらなければならない。広くとるということは、都市計画に関わるさまざまな要素を包含するということになります。そうなると、文化財保護の領分を超え、多分野との協力が求められることになります。

最近は、ランドスケープの問題も大きく取り上げられています。現在、歴史的都市景観（historic urban landscape）の保全のあり方に指針を示そうとする取組みが、国際社会で進められており、二〇一一年秋のユネスコ総会で新たな勧告が採択できるよう、勧告案の作成作業が進められているところです。［付記＝二〇一一年に「歴史的都市景観に関する勧告」が採択された。］一九七六年の「歴史的地区の保全及び現代的役割に関する勧告」以来、歴史的な地区に関する新たなユネスコ勧告は出されていないので、都市保存、町並み保存の発展において重要な役割を果たすものになると思います。

歴史的都市景観は、グローバルな関心事です。高層建築などの問題は世界中にあり、二次元だけではなく、三次元的視点からも歴史的な都市景観のありようを議論しようという動きが起きているのです。

日本では、これにどう向き合っていくべきでしょうか。木造から成り、少しずつ変わることが仕組みに内在されたランドスケープの保全のあり方は、木造の文化をもつ国として、日本が世界に主張していかなければならないことだと思います。長い時間をかけて、このような仕組みを育ててきたのは日本なのですから、重伝建地区の知恵とノウハウをまとめ、歴史的都市景観の議論の発展に大いに貢献してほしいと思います。

これまで述べてきたようなところで、日本の町並み保存はいろいろに広がる可能性をもっています。それは、文化庁だけではなく、さまざまな省庁や地方自治体の協働の中で成し得ることです。これからの発展に大いに期待したいと思います。ご清聴ありがとうございました。

3　都市におけるストックとは何か——東京の都市構造を手がかりに考える

都市には政治や経済、文化などさまざまな側面において役割や機能があります。多面性をもつ都市のストックをどのように考えたらいいでしょうか。私はここで、歴史を軸に考えてみたいと思います。

歴史のない都市はありません。ちょうど過去の記憶をもたない人間がいないのと同様に、過去の歴史的な蓄積をもたない都市はないからです。

したがって、都市計画を専門とする私のような人間にとって、都市に関与するということは、その都市がもっているこれまでの歴史的経緯に、現時点で何が付与できるのかを考えることから始まります。「都市のストック」を取り上げるときには、前提として、すべてのものをやみくもに「ストック」とみなして盲目的に尊重するのではなく、一定の視点からの評価をくぐり抜けたものを「都市のストック」としてそのマネジメントを考えていくという視点が必要なのです。

1　都市のストックとは何か

都市がこれまでに経験してきた歴史や生み出してきた文化をそのまま手放しで受け入れてしまうと、現状の都市が進化論的な意味で適者生存をくぐり抜けてきた存在としてもっとも適切だということになりかねません。何もしないことが最善であるといった誤った論理に陥る危険性があります。他方で、過去を手放しで礼賛することも同様に危険です。

こうした誤りを避けるためには、都市のこれまでの歴史と文化を客観的な目で再評価することが必要になります。しかし、注意すべきは、今日的な視点から都市のストックを評価することは、ややもすると、今日的な問題意識が最善のものであるという前提を無意識のうちに立てがちだということです。

私たちは、原点に戻って、都市のストックといえるものはどのような歴史と文化の中で醸成してきたかを見つめ直さなければなりません。そのことは私たち自身の視座を謙虚に再確認することにも繋がるのです。

私は都市の保全のことを扱っているので、都市のストックを文化や歴史に少し広げて考えたいと思います。図1は北斎の冨嶽三十六景のうち江都駿河町三井見世略図と称される日本橋の絵ですが、ここに描かれている建物は全部残っておりません。右手前は日本橋駿河町の角で、今は三井本館が建っています。反対側の左手前には三越が建っています（写真1）。この場所は今も同じような状態で三井がもっていて、日本橋の中心として栄えているわけです。

ここにある三井本館は重要文化財になっており、反対側にある三越本店の建物は都の歴史的建造物として選定されています。また絵図を見てわかるように、道は富士山にちょうど当たるようにできています。このような都市構造はすでに江戸時代に造られており、ある種、都市のストックであるわけです。

ただ単純に一つひとつの建物を見ると、この地域はすべて変わっています。だから、江戸の都市はもう意味がないか、まったくそこに痕跡はないかというと、必ずしもそうではありません。ここにある建物が、その土地利用を引き継いでいるわけですし、

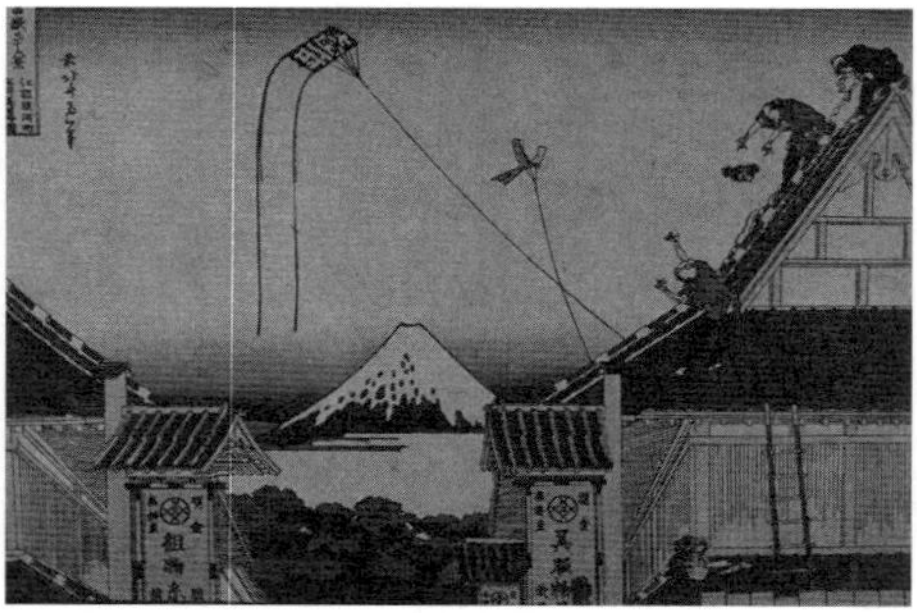

図1　北斎、冨嶽三十六景、江都駿河町三井見世略図

写真1　三井本館（右）と日本橋三越本店（左）の間の現在の日本橋駿河町

ブロックの大きさや敷地の形状、そして街路パターン、そこから見える眺望――もちろん今は日本銀行などの建物や首都高速道路が造られて富士山はまったく見えなくなっていますけれど――そういうものは受け継いでいるのです。

そういう意味から、都市のストックというものをもう少し広く考えることもできるのではないか、そこからもう一度、都市では何が大事で、何を評価して何を変えていくべきか、どういうかたちでマネジメントをしていくか考えたいのです。そのバックグラウンドを少しお話しして、その後、具体的な行政の仕組みの中でどういうことを行っているか、区のレベルで動いている具体的なプロジェクトで紹介したいと思います。

2　都市空間の背景を読む

①計画的な意図を知る

図2は日本橋の橋の上から見た北斎の江戸日本橋図です。日本橋川はもともと堀川ですから、橋の上から見て、ちょうどお城が中心にあるように造られているわけです。これこそまさに一つのデザインされた都市のストックであるといえるでしょう。

図3で確認しますと、日本橋川の向こうに江戸城が見えます。先ほどの駿河町は、日本橋からやや北へ行ったところの角です。この角の西の方向に富士山が見えます。ちなみに、京橋筋の突き当たりには筑波山が見えます。このあたりは全部埋立地ですから、その意味で、街区はどのようにでも造れたはずですが、そのときに「方位」を、この土地の計画のベースにしたわけです。

そこには一つの意図があり、それも一つのストックといえるのではないかと思います。

図2　北斎、冨嶽三十六景、江戸日本橋図

続けて東京大学周辺の話をしましょう。東京には坂がたくさんあり、七つの丘があり、東京大学も向ケ丘という丘の尾根の先端近くにあります。ここは、かつて加賀藩の上屋敷が立地し、斜面地の下に町家が、また上には武家地がありました。そういう斜面地のエッジに眺望の利くところがたくさんあり、雪見や月見の場所になったり、山を見る茶店になったり、名所になったりしています。東大本郷キャンパスの場合、富山藩邸の御殿などが、不忍池の眺めがよいところとして知られていたようです。現在、東大病院の入院棟があるあたりです。

図4は文京区の護国寺から後楽園遊園地にかけてのところです。これは地形を表しているわけですが、非常にたくさんの尾根筋・谷筋が通っているのがおわかりでしょう。右下が小石川の後楽園あたり、右上に本郷の向ケ丘の台地が見えます。向ケ丘の台地の中心に中山道が通り、それぞれの尾根の間に谷があって、尾根が一つのシステムを作っているのです。谷道のところに一つの道路のネットワークがあり、尾根のところには一つのネットワークがある。左上は護国寺で、その前にはちゃんとした参道ができています。この道は谷道、ちょうど谷の地形に合わせて、参道を配置しているわけです。参道の左側が目白の台地、右側が小石川の台地です。

東京の町は、全体としては非常にわかりにくく見えるけれども、このように小さな地区レベルで見ると、地形の中に一つひとつのユニットが存在する都市として理解することができます。旗本屋敷のようなユニットを台地の上に置き、谷あいには町家地区が地形に沿って配されたモザイクのような広がりだと見れば、地形は都市のストックの重要なベースになっていることがわかります。

ですから、東京には何の計画的意図もないわけでなく、非常に細やかな計画的意図

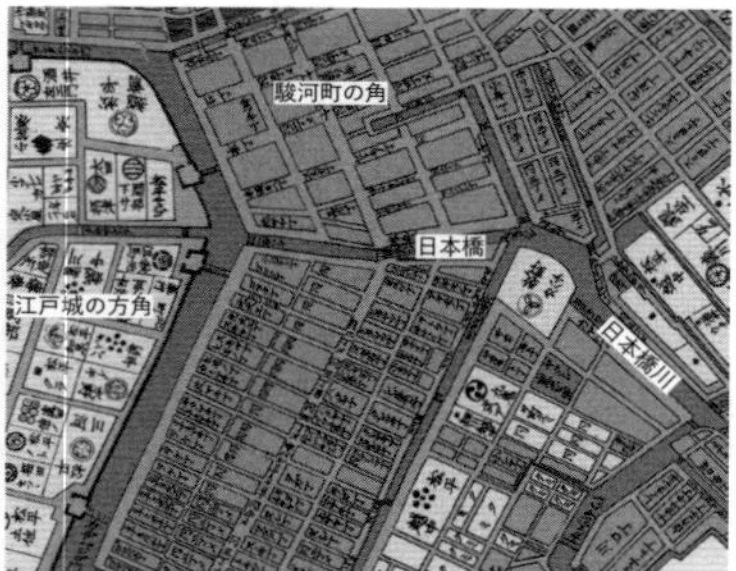

図3　江戸日本橋周辺図（天保御江戸大絵図）出典＝KANDAルネッサンス編『神田まちなみ沿革図集』久保工務店

図4　文京区の地形（明治12年実測東京全図）

があるのです。けれども、それは地形と密接な繋がりがあって、その地形は尾根と谷が複雑に入り組んでいて、それに合わせるようなかたちで東京ができていますから、ちょっと見ただけではわからないのが実際のところです。

今ではこういう坂道も、地形が均されてごく緩い坂道になってしまい、地形との関係で都市がつくられてきたことがわかりにくくなっています。

逆にいうと、ここでストックをもう一度光らせることは、細かな地形の記憶を再確認させることになり、そういう意図をもった開発のあり方がマネジメントの選択肢として考えられるのではないかと思うのです。

図5は広重の上野清水堂不忍ノ池の絵です。不忍池がよく見え、池には弁天島があります。ここにある清水堂は今もある建物で、上野の眺望の名所だったところです。上野もまた台地になっています。

不忍池は低い谷地にあって、向こう側の向ケ丘に東大キャンパスがあります。ここにもまた台地があるわけです。その低い部分に、高いところからの舞台づくりで、図6のように池全体を見渡せるようにできているのです。ここは昔から有名だったようで、いろいろな絵に描かれてきました。清水堂には舞台づくりが今でも残っていて、建物は国の重要文化財に指定されています。

ところが現在ここに立ちますと、写真2のように木に邪魔されて何も見えません。やはり先ほどのような地形を活かして、手前側の木の茂みを少し整理して眺望を利かせることが、この場所の意味をあらわにすると思うのです。

ところが自然保護に熱心な人たちの中には、木を切ることは許せないという人もいます。しかし、そうするとジャングルのようになってしまい、もともとここに清水堂

図5　広重、東都名所百景、上野清水堂不忍ノ池

図6　広重、東都名所百景、上野山内月のまつ

があった意味がわからなくなってしまうのです。こういったことからも、場所のストックの意味を強化するためには周囲の整備を要することがわかります。［付記＝二〇一三年にこのあたりの樹木が剪定され、不忍池の眺望が復活しました。月の松も一五〇年ぶりに復活しました。］

ちょっと下ると弁天堂が見えます。ただ後ろに醜い建物があります。東大病院病棟の建物なのですが、バックグラウンドへの配慮が東大のキャンパス計画の中にあれば、こうはならなかったはずです。上野からはこう見えるので注意してほしいと、おそらく誰からもインフォメーションがなかったのですね。

東大本郷キャンパスも五〇ヘクタール以上ありますから、建物を計画するときに、正門や赤門からの眺望はともかく、上野側からの眺望については、これを慎重に考えろといわれない限り、思いつかないわけです。どこにどういう重要な眺望があるのかすべてを把握するのはほとんど不可能なわけですから、その意味では、こうした土地がもつポテンシャルを明らかにして、これは大事だ、ここを守るためには後ろが大事だと、行政やまちづくり団体など多くの人びとが声を上げると、配慮すべきことがよくわかるようになり、いろいろな背景をもつ建物の建て方の戦略が見えてくるのではないでしょうか。

②　都市の文脈を読む

では、これをもう少し論理的に考えましょう。都市の構造をきちんと読むにはどうしたら良いのか、今言ったようなストックの意味を読むにはどうしたら良いのか、考えてみたいと思います。

写真2　上野清水堂の舞台から見た不忍池の現況（2007年撮影）

写真3　上野公園（2015年撮影）
［付記　「月の松」と不忍池の眺望は2013年に復活した］

都市のストックを考えるには四つの軸があるのではないでしょうか。自然軸、空間軸、活動軸、歴史軸の四つです。この軸の視点で都市を読むということは、とにかく都市の置かれた文脈を読むことだと思います。そのためには、今の情報で現地を歩き、地図を見て歴史的にどのように変化したかを知り、またいろいろな計画を集めて今後どう変化するかを想像する。そうすることにより、一つの場所で計画や介入をするときどうすれば良いかが見えてくると思います。

それは、広い地域レベルで見る、地区レベルで見る、建物周辺で見る、という三つの視点で考えることが大事だということでもあります。現在の姿を知り、それを地図上に表していきます。周辺状況を調べたり、周辺の写真を撮ってきたり、過去の姿を知る。地図や絵図、さらには絵画資料などを集め、これらから市街化の変化を読む。そして生来の姿を知る。今後どうなるかという計画も調べなければなりません。

変化を予測する、そして周辺の景観要素を見つける、そこに何か介入しようとすると、周りにどういうものがあって、それとの関係でどういうものを作らなければならないか、を考えるということです。

景観要素を見るとき、自然と空間と活動という軸、そしてそれが歴史の中で流れていますから、歴史という軸、この四つの軸で考える必要があると思います。その際にも、広域・景域レベル、中域・地区レベル、そして身の回りの街区レベル、という三つのレベルで考える必要があります。

たとえばここに一つの建物を作ろうとするとき、周辺にはどういうものがあるのか――これは設計をしていると必ず通る思考回路ですけれども、どういう動線があって、どういう周辺の道路ネットワークがあって、周りにどういう重要なものがあるのか調べていく。誰でもそういうことを行っています。

さらに広い範囲、区全体で見るとどういう問題があるのか、中域、地区レベルですね。地区のレベルで見ると、この敷地とその周辺でならどういうことがいえるのか。それを自然軸、空間軸、歴史軸、活動軸から見ていこうということです。

自然軸というのは地形です。基本的には地形、水、緑、それと眺望のようなものです。東京の山の眺望のようなもの、そういうものから考えていきましょう。

空間軸とは、道路、川、モニュメントとしての建物といった空間構造です。

活動軸とは、そこでのいろいろなアクティビティ、つまり人の動き、ものの動き、「こと」の流れに着目するということです。「こと」というのはさまざまなイベントのことです。それらをもとにして、そこでの生活風景の特色を考える、それが活動軸です。

歴史軸とは、こういうものが総体としてどのように変化してきたかを見ること、そしてそれによって地域の基本的な構成や特色がわかってくるといえるのではないでしょうか。

③ 地形的なアンジュレーション

それでは、「都市を読む」とはは具体的にどういうことをするのか、例を示してお話ししたいと思います。

文京区で試みたのですが、文京区を理解するのにもいろいろなやり方があります。たとえば、どういう道路がいつ頃できたかを調べると、主要な道路は、江戸期か震災復興期、その後の戦災復興期にできてきたことがわかります。

では、どういうかたちで道路ができたのでしょうか。実現されなかった道路もあるのですが、できなかった道路がどう計画されていたかを知ることも重要です。たとえば蔵前通りは、もともと後楽園のなかを突っ切り、春日通りに斜めから合流する予定だったことが震災後の帝都復興計画に書かれています。しかし結局、その部分はできず、今は本郷通りに合流しています。本郷三丁目の角で左に曲がることになるから、ここは混むわけです。もともとは違う道として一本別に計画されていたのです。

春日通りは明治以降新たに造られた道です。このあたりは南北を貫く縦の道がメインの道です。なぜなら、ここは南北に尾根が形成されているため、尾根道が幹線でした。東西に尾根を横断するような道で、新しく造った道が春日通りなのです。

このあたりの地形を大きな構造として見ると、一つの台地があって、そのエッジに緑があり、これらの緑の多くは今も残っています。斜面林という視点で見ると、斜面は東大構内にまで入ってきています。東大の中の斜面は、安田講堂の正面側と裏側で、高さの差があるあたりです。斜面のエッジのところに安田講堂は不思議なかたちで立地しています。安田講堂の正面の出入り口と裏側とでは一階分の段差がありますね。

そして、三四郎池のところには本郷通り側からくると、がくっと段差があります。そこに斜面のギャップがあり、緑が残されているのです。山手線に乗ると、田端から鶯谷にかけて線路の西側に斜面が続いていますが、この斜面が段差で、山手線はその斜面の下に沿うように設置されているのです。その斜面林と似た構造の緑が東大

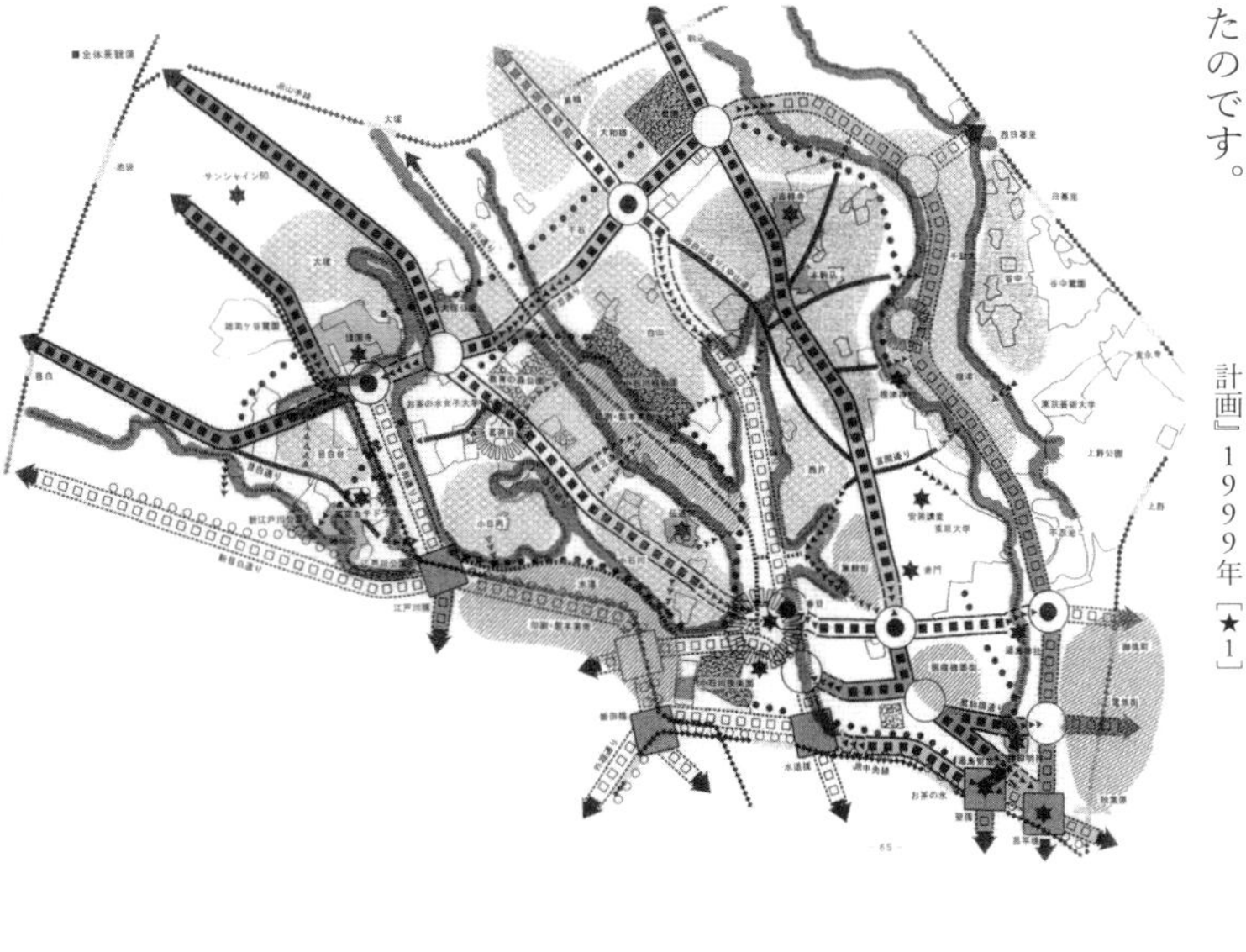

図7　文京区の地形と緑。北西から南東にかけて谷筋と尾根筋とが交互に位置し、そこに街道が通っている様子が表されている。出典＝『文京区緑の基本計画』1999年［★1］

の中を南北に貫いています。

この斜面林の下側に湧き水がある。三四郎池になぜ湧き水があるかというと、台地の足もとに立地しているからです。また、大学の北側には古くからの根津神社があり、ここにも湧き水があります。ですから、両者の湧き水は地形的には一致しているわけです。根津神社も斜面のエッジのところに立地しているのです。

広く見ると、こういうかたちで斜面がかろうじて緑の帯を形成していて、そしていくつかの谷がある。白山神社はやはり尾根の突端部に位置しています。右下の尾根の突端部には湯島聖堂と神田明神、左上のいちばん奥まったところに護国寺があります。

そういう地形的なアンジュレーションの中に、春日通りの尾根道の部分や中山道、本郷通りという尾根道が入っているわけです。ほかにも谷道の千川通り、白山通りがあります。不忍通りは、これらの放射状道路を繋ぐ環状道路の性格を部分的にもっています。

それを界隈で分けると、いくつかに分かれるでしょう。台地の上側と下側に分かれ、下側もいくつかのゾーニングに分かれます。

文京区では、菊坂あたりが非常に面白い。菊坂の一本南の裏側に非常に細い道(「したみち」と呼ばれています。これに対して通常の菊坂の道は「うえみち」と呼ばれています)があって、樋口一葉が一時生活をした旧居跡があります。この「したみち」のエッジをかつて川が流れていました。今でも水は流れていますが、上部に蓋がかけられ、宅地化されています。しかし、その様子は子細に観察するとよく見えてきます。非常に面白いですよ。

たとえば、本郷通りの本郷三丁目から東大へ向かうあたりに、二つ坂があります。

皆さんは坂と感じていないかもしれませんが、「見送り坂」と「見返り坂」という坂です。今はほとんど傾斜がないのでわからないけれども、この通りは全体に北に向かって少し上り加減で、途中で少し下って少し上るのです。そのちょっとしたアンジュレーションに名前がつけられているのです。実際、ここはわずかながら谷筋になっていて、それで谷に下る坂（見送り坂）と谷から上る坂（見返り坂）とがあるのです。この谷筋がそのまま菊坂の傾斜に繋がっているのです。

本郷三丁目の交差点角にある商店「かねやす」あたりは、かつて川柳に「本郷もかねやすまでは江戸のうち」と詠われた江戸の境で、遠く旅にいく人をここまで見送ったといわれています（処刑される罪人を見送ったという説もあります）。見送り坂と見返り坂、ちょっとした坂でも、名前がつくとがぜん興味がわきます。名前がつくということは、その場所を意識化した証拠だからです。

当たり前の空間には名前などつきません。そこにアクティビティがあって、この辺から田園風景が開け、そこまでは都市だという広がりの中で、こういう名前がつくわけです。単に地形に特色があるというだけでなく、いろいろなアクティビティがあり、それまで含めて私たちは一つの都市を総体的に考えなければいけないだろうと思うのです。

3　具体的なプロジェクトに見る都市ストックの考え方

今度は、丸の内周辺を中心に考えてみます。都市景観のレベルでこういうことを考えたレポートが、すでに一〇年前に出ています。［付記　最初のレポートは一九九三年版。］

① 都市構造とマスタープラン

千代田区の場合、エッジに神田川が流れているので、西側や北側からは橋を渡って千代田区に入っていきます。ここはかつての江戸城の外曲輪《くるわ》です。川を越すのですから、そこに一つの重要な眺望点がある。もともと神田川は駿河台の台地を迂回するようなかたちで流れていたのを、伊達藩に命じて駿河台の高台を掘り切って川を迂回させたのです。

したがって、橋が非常に重要な眺望点となりました。橋詰はまた同時に重要な交通の結節点です。単純に構造を考えると、二層の堀があって、地形に沿って尾根道が通り、その尾根道が中山道、日光街道、甲州街道、大山道、東海道というかたちで延びています。そして、筑波山と富士山の軸線が重要視されていることがわかります（図8）。

ここに重要な建物がどれくらいあるのか、ある程度以上の規模の建物と、ランドマーク的な建物をプロットしました。それらをまとめると、千代田区の土地構造は、二重のリングロードと、埋立地のグリッドの区画になっていることがわかります。そして、結節線が非常に重要だということです（図9）。構造を見ると、眺望を守ることの大切さがよくわかります。

具体的にいくつかの界隈に分けて、界隈ごとに、どういうものがあってどういう特色があるのかを見ていきます。大手町と丸の内地区では、他の界隈と違うルールがあります。これはもともと高さが三一メートルでそろっていたり、歴史的な建物が残っていたりしますので、それらをうまく活かそうというルールになっています。歴史的な橋とか、橋からの眺望、橋詰のデザインなどが、以前から受け継がれてきました。

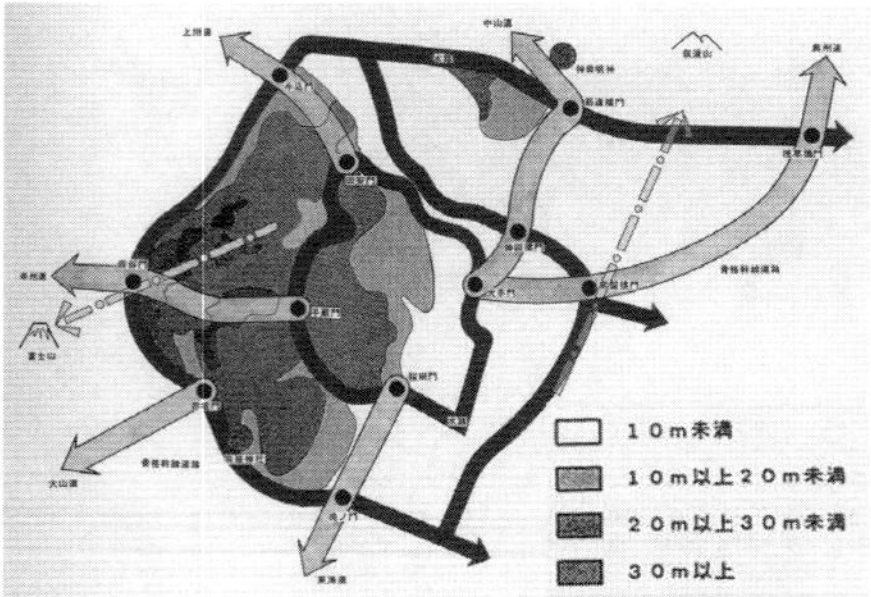

図8　千代田区地形概念図　出典＝『千代田区都市景観方針――風格ある千代田区の景観形成に向けて』1993年［★2］

これらをもとに、公的なプランとして、マスタープランが作られています。そのため構造図と同じような図面になっています。先ほどのスタディがマスタープランとして、オーソライズされているからです。と同時に、そこで物を建てたり改変するときに、もう少しソフトな配慮のある事項をあげた「景観形成マニュアル」が作られています。これは千代田区景観まちづくり条例が一九九八年にできたときに、セットで作られました。

「景観形成マニュアル」は文章で書いてあります。なぜかというと、具体的な数字をあげると数字だけが一人歩きしてしまうので、ものの考え方を示すことも大事だろうと、C・アレグザンダーにならってパタン・ランゲージが五〇ほど列挙されました。これが地域のマネジメントを行う際に重要になってくるのではないかと思います。

これには、「歴史を刻む場所」「育まれた自然」「多様な界隈」「豊かなコミュニティと繁栄」「首都の風格」の五つの大きな柱があり、そのもとに一〇のキーワードがあります。これは将来増やしていく予定でしたが、現在もそのまま五〇のキー

表1　千代田区景観形成マニュアル　50のキーワード

1 歴史を刻む場所	2 育まれた自然	3 多様な界隈	4 豊かなコミュニティと繁栄	5 首都の風格
「心」のより所	緑の環（わ）	モザイク状の町	向こう三軒両隣	都市の門
眺めの映える場所	水にふれる場所	プロムナード	歩行路のネットワーキング	通りの性格
年輪を重ねた樹	敷地の特性	あいだにある住宅	交流の場所	中心となる広場
敷地の履歴	広場から広場	世帯の混在	人の気配	目標となる建造物
壁の表情	つながる緑	間口の分節	陽のあたる場所	高さの分節
見切りのデザイン	見え隠れの庭	活きた通路	小さな人だまり	建物の縁（ふち）
語りかける細部	屋上の庭	目立たない設備	座れる場所	門・玄関
ふさわしい材料	あいだの緑	見えない駐車場	お年寄り	柱の雰囲気
人を育む場所	身近な花	建物を活かす広告物	夜のにぎわい	ふさわしい色彩
先端性の蓄積	子供の笑い声	表と裏の表情	祭りの場	「都」の魅力

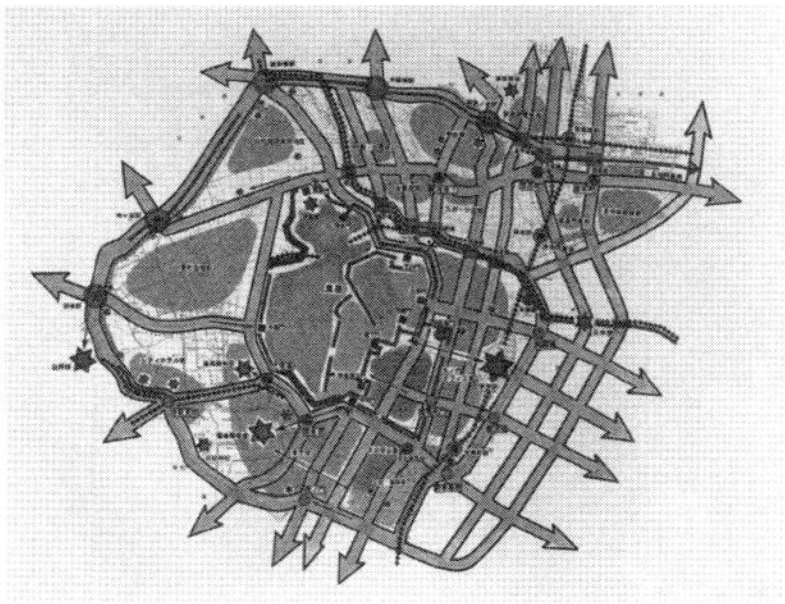

図9　千代田区都市構造図　出典＝『千代田区景観形成マスタープラン』1998年［★3］

ワードで使われています（表1）。

　これをベースに具体的なプロジェクトが上がってくると、どういう配慮をしたか、行政担当者が先ほどのマスタープランとマニュアルをもとにいろいろと議論します。このなかで、マネジメントのあり方を考えるという仕組みです。

「敷地の履歴」を見ると、敷地がきちんと示されています。図10は一八八三（明治一六）年の陸軍陸地測量部の迅速図の原図です。濃く塗られた建物が不燃建築物で、そうでないものは木造の建物。そういうものが全部残った地図が利用できますので、それらをもとに、この地区のその後についてもう一度考えようと提案しているのです。

② 丸の内のガイドライン

スタディが単なるスタディで終わらず、プランの中できちんと利用されることによって、新しいガイドラインとして力をもってきます。特に千代田区の場合は、皇居があって、その周辺は非常に重要だということで、従来の一般的な規制のほかに別の詳細なガイドプランが定められています。皇居の周辺をどうするかというための地区制で、美観地区と呼ばれています。

　実は美観地区が日本で最初に指定されたのは、丸の内地区を含む皇居一帯で、一九三三（昭和八）年のことです。当時、指定されたのは斜線が引かれたところの内側（図11）です。ここに丸の内美観地区として、高さ規制やデザインの規制が課されました。この通りの真ん中までが美観地区ですが、通りを挟んで向かい側の美観地区外の部分も、建物を建てるときに気をつけなさいと、範囲に加えられています。当時から、向かい側の建物も気をつけるということが書かれていて、非常にユニークな例です。

図10　陸軍陸地測量部の迅速図原図に見る丸の内界隈

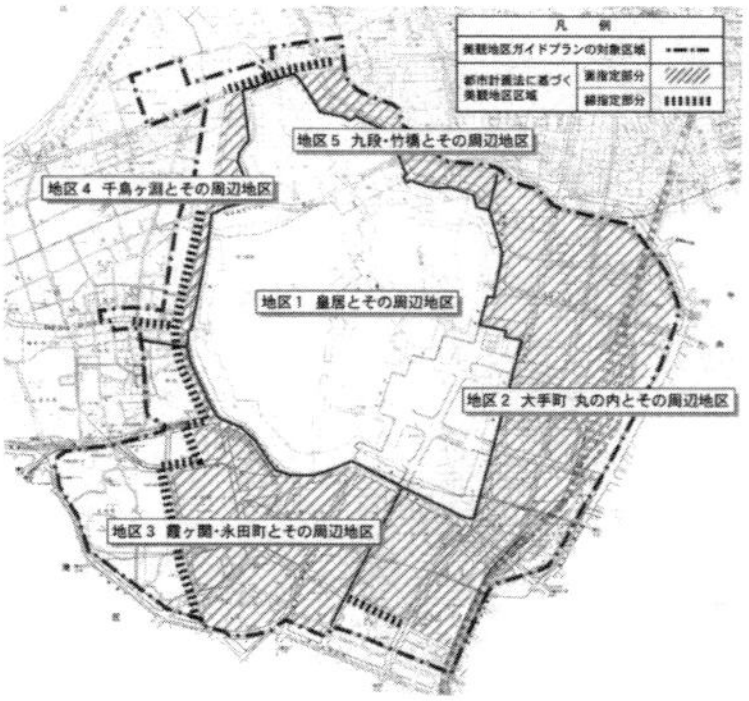

図11　丸の内美観地区　出典＝「丸の内美観地区ガイドプラン」千代田区、2002年

さらに面白いのは東京駅で、八重洲側も入っているのです。この部分は東京駅で区切られ、皇居がまったく見通せない別物みたいな感じですが、以前はここに日本橋川から分かれた外濠川があったので、そこまでが景観的にやはり一つだということで、今でもここが千代田区と中央区の区境になっています。そのため、東京駅の東側も丸の内の地区に入っていて、地名も丸の内なのです。丸の内というと皇居周辺だけと思いがちですが、そういう歴史的な経緯で、地名も残されているのです。

具体的に細かいコントロールとして、たとえば皇居を中心に、皇居に対してはあまり高い建物を建てないというようなガイドラインが決められています。また、さまざまな地点を定めて、そこから見える景観を大事にしようと、いろいろな眺望点までもが決められています。

歴史的に見ると、江戸時代に大きな武家地であったところが、陸軍の軍用地となり、その後三菱に払い下げられています。払い下げを受けた三菱は、日本を代表するオフィス街をつくろうと開発を始めるわけです。昭和の初めの段階で馬場先通りを中心とした丸の内南部がおおむね完成し、その後一九五九年から、三菱地所による丸の内総合改造計画のもと、もう少し建物を整備しようと、いくつかの道をつぶし、街区を再編し、丸の内仲通り両側六メートルをセットバックして再開発しました。そこに建っているのが、現在の大半の建物なのです。それがまた、再開発の時期にきているのですね。

図12は、一九八八年に三菱地所が作った、丸の内の容積率を二〇〇〇パーセントにするとどうなるかという再開発計画の中の、通称「丸の内マンハッタン計画」です。ある意味ではよくできた計画書なのですが、三菱が身内だけで作ったもので、公開

図12　丸の内マンハッタン計画　出典＝『丸の内再開発計画』三菱地所、1988年［★4］

されたときはこの図面とパースだけが大々的に新聞に載ったため、見た人はいくらなんでも丸の内がこうなってはよくないと思ったのです。おそらく三菱地所は、これは単なるスタディで、最終的な建物のかたちは一棟一棟違えるはずだったのでしょう。それを容積率二〇〇〇パーセントでやってみたらこうなると公表したのですが、非公開で作業をして、最後に発表したので、反発は大きく、半年足らずで完全にお蔵入りになってしまいました。

　三菱地所は、大地主とはいえ丸の内地区全部をもっているわけではないので、約一〇〇社の丸の内にある企業が一緒になって、さらに官とも話し合いながら、合意を形成して、もう一度きちんとステップを積み重ねていって、情報を共有しながらまちづくりをしていこうと、路線を変え、まちづくり懇談会や再開発協議会を作り、ガイドラインを作り始めました。地権者だけでなくJRや区や都も入ってみんなで一緒に作るもので、一九九八年に「大手町・丸の内・有楽町地区ゆるやかなガイドライン」を作成しました。その後二〇〇〇年に、これをより明文化した「まちづくりガイドライン」を作り、これが今のガイドラインになっています（その後二〇〇五年に少し改訂されました）。

　具体的には、拠点となる東京駅の丸の内側と八重洲側、そして大手町駅周辺と有楽町駅周辺の四か所を地区の拠点と位置づけ、この拠点の高さをほかよりも少し高くできるようにすることや（図13）、いくつか通りごとに特色を考えて地域整備を進めようという指針を設けました。

　まずは東京駅と皇居を結ぶ行幸通りですが、こちらはビジネスの中心街です。本社がずらっと顔を並べるような通りですが、道幅が広過ぎ、人通りが多いとはいえませ

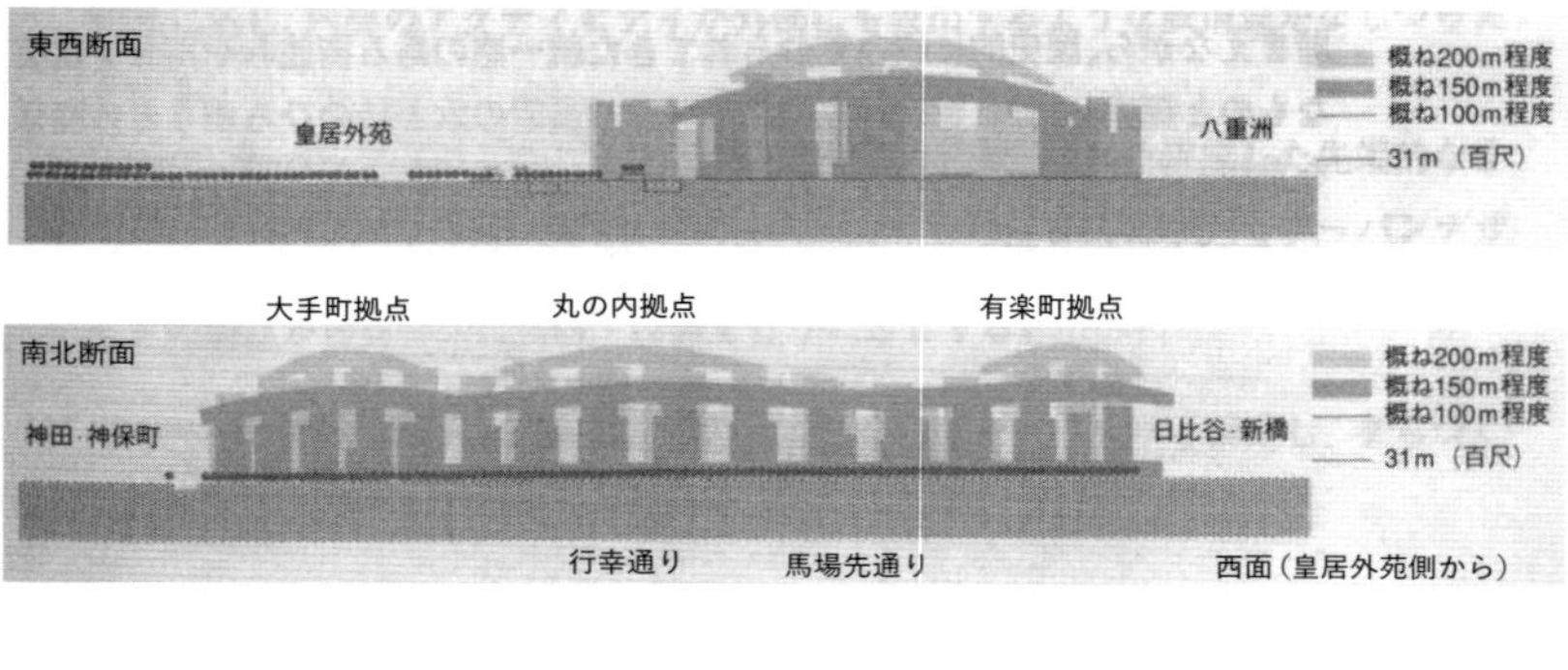

図13　スカイラインの考え方　出典＝『大手町・丸の内・有楽町地区まちづくりガイドライン』2000年［★5］より

んし、ショッピングをするような通りでもありません。

丸の内仲通り側はショッピングができるような賑わいのあるまちにしていこうというのが大きな戦略です。ここにも本社ビルがたくさん並んでいますが、本社ビルというのは通常一階に不特定多数の人が入ってくるのを好みません。しかし、そうすると休日や夜間に人通りが寂れるので、丸の内仲通りでは本社ビルであっても一階や地階はパブリックなものにするという方針でガイドラインが作られました。

そしてかたち。たとえば、皇居のお堀に面した日比谷通りには三一メートルラインが現在も感じられますから、そういうものを大事にしながら、表情線をつくっていこうと提案しています。丸の内の拠点や大手町の拠点、それから東京駅の丸の内側と八重洲側の両方、有楽町のあたりはもう少し高く、全体としてめりはりを利かせたスカイラインにしようというのが、大手町・丸の内・有楽町地区まちづくり懇談会の合意事項です。

③プロジェクト単位の動きから見るストックのマネジメント

先ほどから説明してきたのは、千代田区が作った公式なルールと地権者が中心となって官民で作りあげた特定の地区に関する半ば公式なルールです。次は地権者が中心となって作ったプロジェクト単位のルールです。

最近の大きな話題をいうと、大手町の合同庁舎が空き地になっていますが、あれは売りに出されて、都市再生機構がこの土地を買いました。ここにいわゆる土地転がし型の再開発が起きることになっています。とても規模の大きな再開発です。まず古くなった国の合同庁舎を取り壊して、ここに日経新聞と経団連とＪＡがきて、ＪＡと経団連ホールと日経新聞の跡地を、また更地にして、そこに三菱総研などの周囲の企業を動かしてきて、そこをまた更地にして、再開発を行うという、再開発を転がしながら三回ぐらい繰り返すものです。そんな再開発がこのあたりで考えられています。［付記＝日経本社ビル・JAビル・経団連会館の三ビルは二〇〇九年竣工、次いで大手町フィナンシャルシティのツインタワーが二〇一二年竣工、二〇一七年現在、大手町連鎖型再開発の第三次事業が進行中。］

丸の内地区と比較して大手町の方はブロックのかたちがやや不整形なものですから、もう少し公共空間を充実させていって、サンクンガーデンや広場を造る計画が考えられています。丸の内側はどちらかというと壁面をそろえていく、歴史的にそろった壁面ですが、大手町側はそれもやるけれども、ある程度オープンスペースをとっていこうと、かなり戦略が違うのです。また、日本橋側に面したところは、将来の首都高速道路の撤去をにらんで、歩行者中心のプロムナードにする計画になっています（図14）。

次は日本工業倶楽部です。この件ではたいへんもめました。一九二〇（大正九）年に建てられた歴史的建物ですが、文化財になっていませんでした。日本工業倶楽部という社団法人がもっている建物です。

日本工業倶楽部は、企業家が集まってお金を出し合って造った社交場としての建物で、組織そのものは大金を稼ぎ出しません。ですから再開発も困難ですし、メンテナンスにも苦労していました。できれば残したいけれど、残すだけではお金を生まないので、何か工夫が必要なわけです。そこで、周りの開発と一緒に建物の整備をすることを考えました。

隣接して永楽ビルというオフィスビルがL字形に建っていますが、こちらの建物

図14　大手町合同庁舎跡地の再開発による日本橋川リバーフロントのイメージ
出典＝『大手町まちづくり景観デザインガイドライン』2005年［★6］

は三菱地所の持ち物で、これは再開発を考えていました。しかし日本工業倶楽部の建物があるので、これを尊重しながら再開発しなければいけない。結果的には両者を合体して、一体の建物として、重要な部分を残しつつ、日本工業倶楽部の後ろの部分は後で増築した部分なので、そこは新しい建物の中に取り込み、しかしファサードとしてはうまく残しながら再開発を行う方向が選択されました。

最初は、日本工業倶楽部の建物は全部壊して、表面の部材だけとって、新しくできたものに貼りつけて、中はまったく新しくする構想もあったのですが、変わってきたのです。

この建物は内部のインテリアデザインが大事です。正面から中に入って大階段を上がり、二階のホールにきて右に曲がると大食堂があるのですが、倶楽部の会員たちが食事をしながらネットワークを広げることに意味があり、このシークエンスが非常に重要なのです。ですから、建物の外側だけを残しても意味が少ないということです。こういう内部空間を残すべきであるという議論が、歴史家の間から起こってくるわけです。

そこでいろいろな案が検討されました。全部壊して新たに再現する案から、完全に凍結保存する案までです。表2は、そのうち集中的に議論されたおもなものを示しています。

タイプB－2の案は、大食堂が大事なのでしっかり再現します。ファサードは残し、大半を保存する。階段のところを再現する。タイプD－2は、左側の食堂のウイングは完全に全部保存するが、保存だけでは地震でもたないので、下に免震構造を入れるかたちで保存する。タイプDは下に免震構造を入れて全体をそのまま保存する。

表2　日本工業倶楽部会館保存案（『日本工業倶楽部会館歴史検討委員会報告書』1999）［★7］

	タイプB-2 仕上げ再現／躯体更新	タイプD-2 仕上げ保存／躯体保存・更新	タイプD 仕上げ保存／躯体保存
立面図（南側） 保存修復部位 再現範囲部位 更新（サッシュ取替）部位			
外部歴史継承の考え方	範囲＝倶楽部部分 できる限り現仕上げ材を保存活用し、タイルは再現する	範囲＝倶楽部部分 正面左1/3の外壁は保存修復。以外は、できる限り現仕上げ材を保存活用し、タイルは再現する	範囲＝倶楽部部分 倶楽部部分の外壁は保存修復
	保存修復部位：玄関ポーチ	保存修復部位：基壇、彫像、タイル（1/3）、テラコッタ（1/3）、歯形装飾	保存修復部位：基壇、彫像、タイル、テラコッタ、歯形装飾
	再現部位：タイル、テラコッタ	再現部位：タイル（2/3）、テラコッタ（2/3）	再現部位：ー
	更新部位：サッシュ		更新部位：サッシュ
内部歴史継承の考え方	範囲＝玄関、広間、大階段、大食堂等 できる限り現仕上げ材を保存活用し、漆喰等は再現する	範囲＝玄関、広間、大階段、大食堂等 大食堂は、保存修復、以外は、できる限り現仕上げ材を保存活用し、漆喰等は再現する	範囲＝玄関、広間、大階段、大食堂等 エリアIは保存修復。他は新築または改修
躯体保存の考え方	更新とし、保存しない	倶楽部部分の西側1/3を保存	倶楽部部分を保存

保存の考え方はどうか、構造的にはどうか、機能的に見たらどうか、問題点はどうか、そしてコストの問題があります。実際はタイプD－2案が選択されました。大食堂を含む全体の三分の一の部分だけ曳家をして、下の免震部分を作ってもう一度もとへ戻したのです。今あるものはそういうかたちになっています。

したがって、古い建物の部分は一体に見えますが、保存した部分と再現した部分に分かれています。一方、日本工業倶楽部の建物と背後の高層ビルの部分とは別々に見えますが、実際は一体で建物は繋がっているのです。

もとの永楽ビルはL字形の建物でしたが、日本工業倶楽部と並んでいた壁面を少し下げ、さらに間にサンクンガーデンを設けることによって、日本工業倶楽部の建物の、かつて永楽ビルと接していた部分の古い壁面を表に出して、見えるようにしています。また、高層部分の壁面は下げて、東京駅側のやはり高層の日本生命の本社ビルの壁面に合わせるようにしています。このようにいくつかの工夫がされています。

図15は東京駅の八重洲側です。東京駅の八重洲側の駅舎を再開発する計画があります。中央は大丸が入っている建物です。非常に圧迫感があって、八重洲通りからくると、突き当たりに文字どおり道路をふさぐように建っているので、全体のグリッドの調和が妨げられています。

ここに、二〇〇メートルのタワーを二棟建てて、真ん中を低くするという案です(図16)。

全体として東京駅の向こう側、皇居側への「抜け」を確保しようという計画案です。正面から見るとタワーを横に建てて、正面を低くし、向こう側の空を復活させるという案になっています。また、丸の内側の赤煉瓦の東京駅は容積率が低いので、実現さ

図15　東京駅八重洲口方面　出典＝千代田区資料

図16　東京駅八重洲口方面計画案　出典＝千代田区資料

れていない容積を丸の内の他の地区へ有料で移すことによって、東京駅復元の費用を捻出することが可能となります。こうしたことを可能とするために、この地区には日本で唯一の特例容積率適用区域制度が適用されました。二〇〇七年八月現在、二本のタワーは建設中です。［付記＝グラントウキョウのノースタワーとサウスタワーはいずれも二〇〇七年に竣工。］

東京駅が復元されて脇にタワーが二棟建ち、視線が線路の反対側に抜けるということになります。丸の内側から見ると、赤煉瓦の東京駅の真後ろに覆いかぶさるように建っていた八重洲駅舎の建物がなくなり、歴史的建造物の背後の青空が戻ってくるのです。丸の内側の赤煉瓦の東京駅では復興工事が進められています。こうして、東京では一つの眺望の軸がもう一度再生されようとしています。

大手町・丸の内地区で見てきたように、ひとつの地区がある特定の構造をもっていて、どのような介入を行うことがこの地区にとって大事なのか、文化的な背景までを含めて考えることによって、そういうことが可能になる制度を作ることが最近ようやくできるようになりました。

もちろん高いものも建ちますが、それでも全体としては現状より良くなると担当者は言っています。地域の文脈を大切にしているからです。現在、東京駅の駅前広場の車の動線処理はあまりうまくいっていないのですが、これを改善することも含め、駅前をもう少し広くとって、人と車の流れをスムーズにすることも考えられています。

こういう努力を続けることで、ストックを少しずつ改善しながら、なおかつ、いい意味で地区を再生していくのがストックマネジメントかなと思います。私はストックというものを通常より広くとらえました。ストックをここまで広く議論してとらえることで、思考の可能性は広がるのではないかと思います。

参考文献

★1　東京都文京区『文京区緑の基本計画』一九九九年
★2　東京都千代田区『千代田区都市景観方針――風格ある千代田区の景観形成に向けて』一九九三年
★3　東京都千代田区『千代田区景観形成マスタープラン』一九九八年
★4　三菱地所『丸の内再開発計画』一九八八年
★5　大手町・丸の内・有楽町地区まちづくり懇談会編『大手町・丸の内・有楽町地区まちづくりガイドライン』二〇〇〇年／同『まちづくりガイドライン』二〇〇五年［付記＝まちづくりガイドラインは以降適宜改訂されている］
★6　大手町まちづくり景観検討委員会編『大手町まちづくり景観デザインガイドライン』二〇〇五年
★7　日本工業倶楽部会館歴史検討委員会編『日本工業倶楽部会館歴史検討委員会報告書』一九九九年

4　世界遺産・五箇山の保存とこれからの活用のあり方

この会場は五箇山《ごかやま》世界遺産マスタープランの完成をお披露目した会場であり、また戻ってきたなという感じであります。今日はこれからの五箇山を考えるために、今何をしなければいけないのかを私なりに考えてみます。

私が思うにいちばん大切なことととして、「五箇山を全体として考える」ことだと思います。もちろん、合掌集落、合掌の建物が残っているところはそれほど多いわけではありませんが、基本としての都市、ネットワーク、集落の構造は変わっていないわけで、「五箇山でこういうものが生まれた」、「合掌集落が生まれた」という地域全体がもっている価値をきちんと理解し、もっと深く考える必要があると思います。

このテーマに関して私の研究室の森朋子さんが博士論文にまとめています[★1]。彼女が調査結果をまとめて作製した図表をもとに五箇山のこれからをどうすれば良いのか、皆さんと一緒に考えていきたいと思います。

図1のように高いところから見ると、相倉も庄川流域の一つの集落なので、一つのネットワークをもって地域が成り立っています。当たり前のことですが、得てして最近では忘れがちになっているように思われます。

図2は富山県立図書館にある一八一四（文化一一）年の五箇山の絵図ですが、それぞれの集落は江戸時代から村高の記録があり、今でもわかるわけです。そういう集落は同じように今でも存在しています。

こうした全体があり、さまざまな小さな谷とその支流から成り立っていて、それぞ

図1　五箇山遠望。中央左手に相倉集落、手前は下梨集落

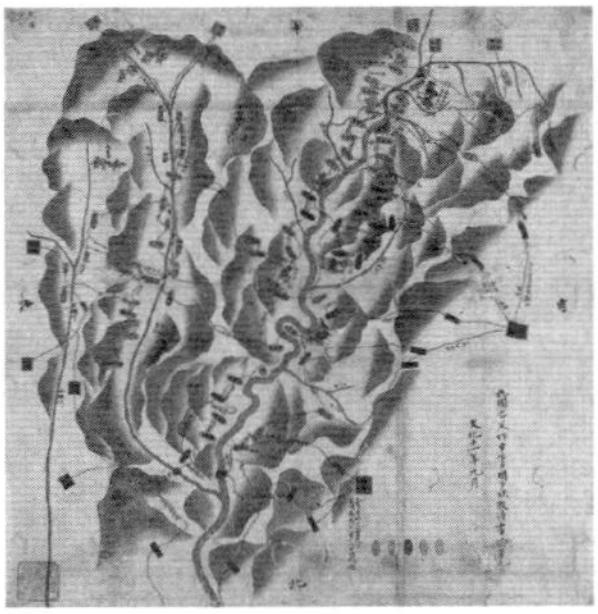
図2　文化11年五箇山絵図　富山県立図書館所蔵、森朋子氏学位論文より掲載

れにそれぞれの地域の個性があります。それは谷と農地の大きさによって村高が決まっていて、そのネットワークとして地域が成り立っています。

地形で考えると庄川流域には支流があって、全体として四つの小さな流域があり、そこに山があって丘陵があって砂礫段丘があって、集落が位置づけられています。もう少しよく見ると(図3)、赤尾谷、上梨谷、下梨谷、小谷という小さな谷に分かれています。それぞれ、大きい集落のあるところと、小さい集落のあるところに分かれます。濃い色の部分は規模の大きな集落があるということで、いくつかの固まりがあるわけです。

こうした地図で見るだけでは、なぜそこに集落があるのかあまり実感がわきませんが、ここにお住まいの皆さまでしたら地形の度合いをご承知でしょう。地形がその後の集落の規模を決めています。実際に集落の部分と、周りの農地の部分の割合を考えると、それぞれ違うのです。

大きく分けると一つひとつの集落、ここでは「大字」という言い方をしますが、農地が少ない集落は村高が小さく集落規模も小さい、平坦な地形が多いところは農地が多く、明治以前から村高も大きく規模の大きな集落があり、この地域の基本の構図をなしています。

そして明治以降もこの構図があまり変わらずに今まで残って

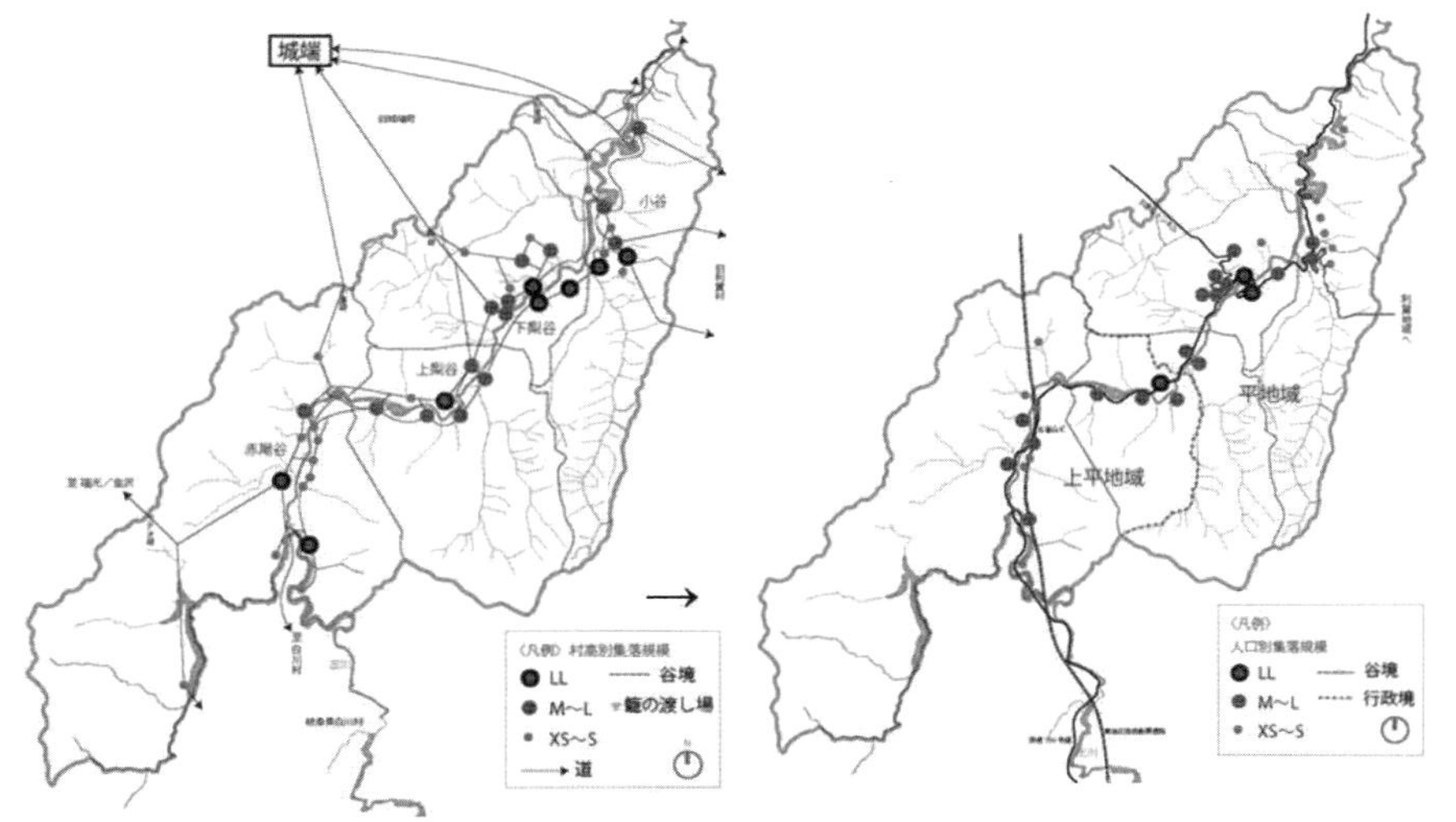

図3　五箇山の谷の規模別集落分布（1839年［左］と2013年）

きたわけです。

インフラの変化も高速道路を除けばそうないので、江戸時代からの歴史的な背景を色濃くもって、それぞれの地域でネットワークがあり、それぞれがそれぞれの地域で城端《じょうはな》と結ばれていたわけです。山越えの道があり、それぞれの地域の城端街道になっていたわけです。庄川で繋がっていく流域としての集落のネットワークと、それぞれが山を越えて直線的に城端と結びつく地域という両方の側面をこの地域はもっています。

この全体がバランスをもって経済的な共同体をなしていました。したがってさまざまな大家族制や養蚕が入ってきて、大きな合掌造りなどの建物の文化を共有していきました。そういうものが全体として意味があります。それぞれが小さな個性をもち、それぞれが違っていて、互いが小さなネットワークで結ばれています。そういう地域を皆さん自身が対外的に情報を発信し、それぞれがそれぞれのかたちで地域を「思う」、「見る」ということが重要である、というのが一点めです。

そしてもうひとつは、広く五箇山全体を見て、それぞれの集落をよく見ると、今まで気づかなかった新しい物語が見えてくるのではないかと考えるわけです。今、我われが外部の人間として訪れると、皆さんもよく知るいくつかの有名なストーリーがあるわけです。大家族があって、養蚕があって、合掌造りの建物があって、冬の暮らしがあって……。

これらの物語をさらに越えて非常に多様な物語がここに見えてくるのではないか。そのためには個々の集落を見つめ直す必要があると思います。歴史的にもここ数十年で変わってきているわけだし（写真1）、もっと長い目で見るともっと変わってきています。それは個々の現象としてもわかるし、いろんな人の話、記憶の中でも移ろっ

写真1A　五箇山菅沼集落（1979年）

写真1B　2010年

てきているということです。

たとえば、『平村史』を読むと、昔から村人は住まいから奥山まで何段階かの環境として考えていたようです。「在所中」、「カイツ」、「近い山」、「遠い山」、「奥山」であります。大きく見ると、全体が「ムラ」、農地を表す「ノラ」、「ヤマ」に分かれている（図４）。その面積割合はそれぞれの地域で異なり、たとえば相倉の場合、ムラ（在所中）一パーセント、ノラ（カイツ）一四パーセント、ヤマ（近い山、遠い山、奥山）八五パーセントとなっています。百姓持高にもそれぞれ差があるということです。こういう集落のイメージを明治の初めから、たとえばこの場合ですと相倉の方はもっておられたということです。

世界遺産マスタープランの相倉の図面で見ると（図５）、点線が旧城端街道でありますす。地域住民の方はこれが旧城端街道であることをご存じかと思いますが、果たして来訪者に伝わっているかというと、伝わっていないのではないかと思います。

旧城端街道というのは過去の幹線であり、歴史的に非常に重要な道であることから、史跡になるときに「舗装してはいけない」ということになっており、現在も未舗装の道なのです。ですから、集落内を歩けば、相倉はほとんどが舗装された道ですが、この道は舗装されていない道ということがわかるのです。

そして、その街道に面して建物のメインのエントランスが来るわけです。基本的に街道に面して建物の表があり裏があります。そして後ほどもお話ししますが、相倉は外の二つの地区から移住してきた歴史があるそうで、街道沿いに割合本家が多く、裏に分家が多いという仕組みになっています。

写真２Ａは一五年前の街道の写真ですが、おそらく今も変わっておらず、ここを歩

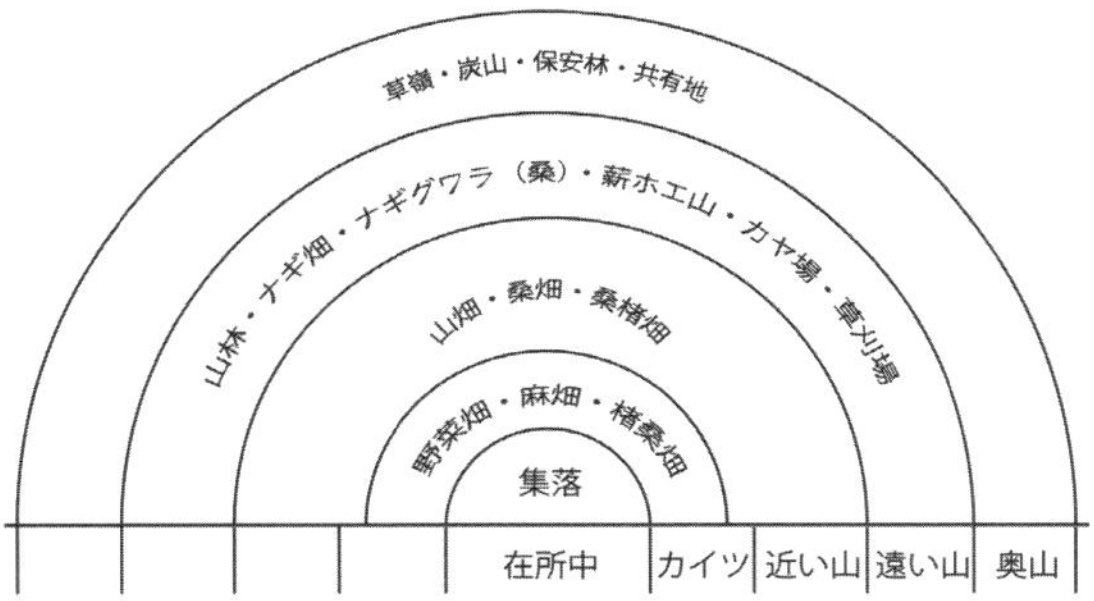

図４　土地利用概念図　『平村史上巻』から引用

けば相倉集落は何を背骨として成立してきたかということがわかるわけです。そして、それぞれの地域がおそらくこういった構図をもっているはずです。写真2Bも同様です。

その目で自分たちのまちを見ると、今は小さな道になっているかもしれないけれど、そこが地域の背骨となっていることもあり得るというわけです。そうした目でこの地域を見直すと、どのように地域ができてきたかが実感できるのです。そのことをまずは、住んでいる人が共有することが非常に大切なのではないかと思います。そして、それを来訪者の方にも自然なかたちで伝えることができるとすれば、この地域に対するものの見方も一歩進むのではないか。そういうことがこれからの五箇山のそれぞれの集落に重要な第二の点だと思います。

今は集落の入り口に駐車場が整備されているので、来訪者はこの舗装された道をまっすぐ進むわけです（写真3）。残念ながらこの道は地域の背骨ではないので、この道沿いに正面を向けて建っている建物はごくわずかです。そうす

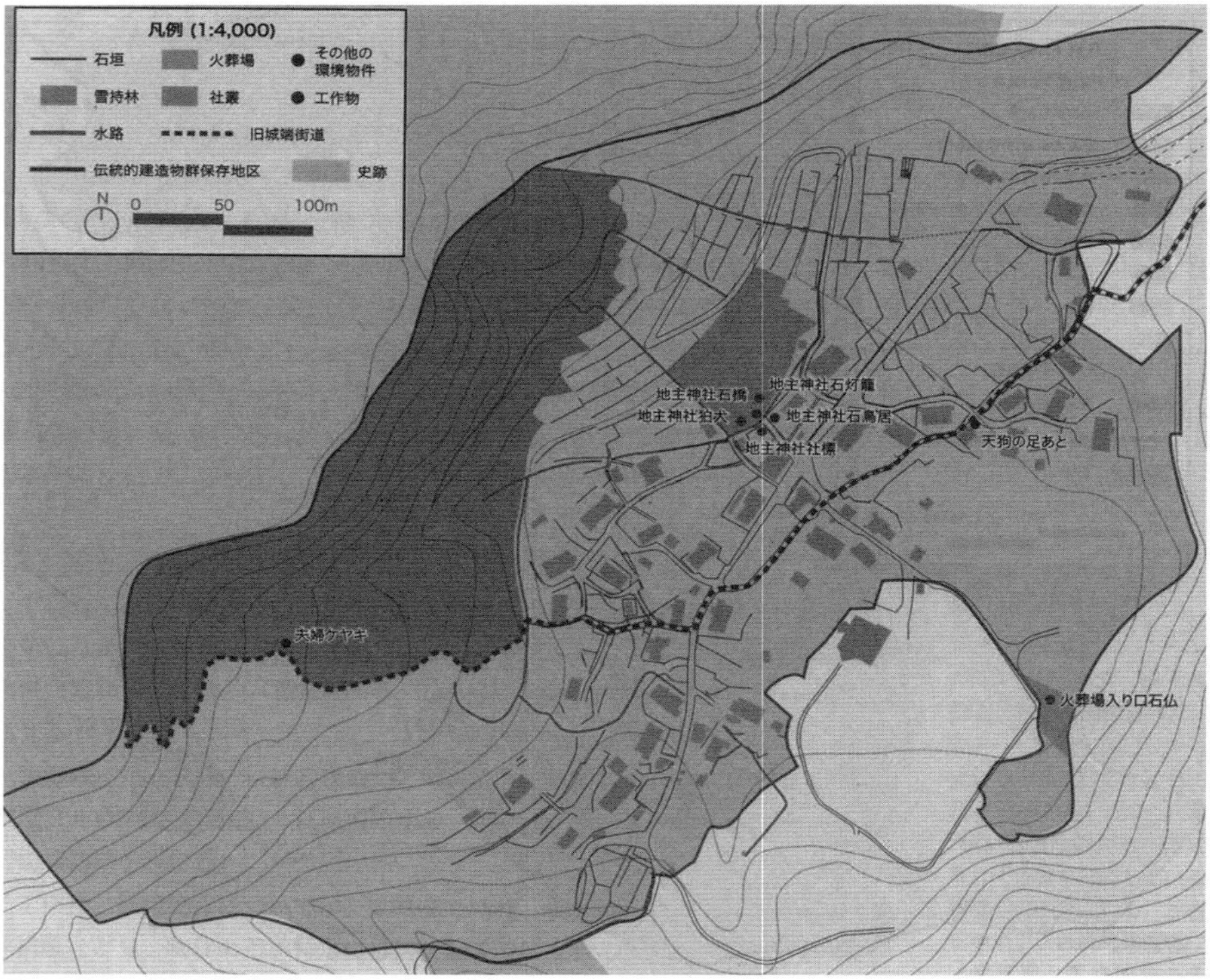

図5　相倉の主要な構成要素　出典：『世界遺産マスタープラン』

ると、この道を歩いてみて、この集落がどういうふうにできて、どういう構図をもっているかというのは非常にわかりにくいわけです。

一軒一軒は一見して印象的なのですぐにわかるが、集落として見たときに、どうできて、どういう意味をもっていて、なぜそこにそのような向きで建っているのかというふうになるわけです。今すぐこの道を封鎖することはできないけど、少なくともこれは後からできた道で、ここを歩くことで物語はなかなか見えづらくなっているのだと考える必要があります。

できれば駐車場から旧城端街道を歩いて町に入ってもらうと、町の構造が見えるわけです。駐車場から舗装されたまっすぐの道を歩きたくなるけれど、それならば帰りに砂利道の城端街道を歩いてみてください。行くときは現代の道かもしれないが、帰

写真2A　相倉の旧城端街道と街道に正面を向けて立つ合掌民家（2001年）

写真2B　2010年

写真3　相倉、駐車場からまっすぐ集落へ向かう道（2006年）

りは江戸時代の町をイメージしながら戻ってきてみませんか。そうすることで、この集落に関する理解が格段に深まるはずです。

おそらくそのことが、この集落をどういうかたちで次の世代に渡していくか、どういうところに何を建てないといけないか、また建ててはいけないのか、すごく大きな基準になるはずです。この写真を見ると、どこも無色透明な同じような農地にしか見えません。今のような見方をすると、そこには違いがあります。ある種の空間的な秩序があって、空間的な序列があります。そこを見つめ直すということです。

菅沼の場合は、日照を分析すると、面白いことに、条件がいちばん良いところには人が住んでいないのです。水害の恐れがあるという理屈なのか、農地の方が大事だと考えいちばん良いところを農地にしたのか、もう少し調べてみないとわかりませんが、明らかにいちばん条件の良い部分がノラ空間になっており、今は田んぼであり、昔は桑畑だったわけです。そして、集落を見ても、古い時代からの本家の集落は外側にあって、内側に集落が伸びてきていることがわかります（図6、7）。

そのように集落はある種の方向性をもっており、川側からノラ空間、ムラ空間とあって、ムラがノラと反対側に伸びてきている。そのように見ると、数軒の建物がパラパラと建っており、秩序も見えないし、合掌集落というだけで済ましてしまっていますが、そこにもう一歩、空間の意味、集落の意味、この集落がもつ豊かな過去の物語を感じられるのではないかと思います。

相倉はノラに近い側からヤマ側へ拡大している。昭和の初めから二〇年代にかけてそういうことが起きていることがヒアリングでわかります（図8）。そして、人口が減少してくる時代になると空き家が増えていきますが、空き家というのはこういうと

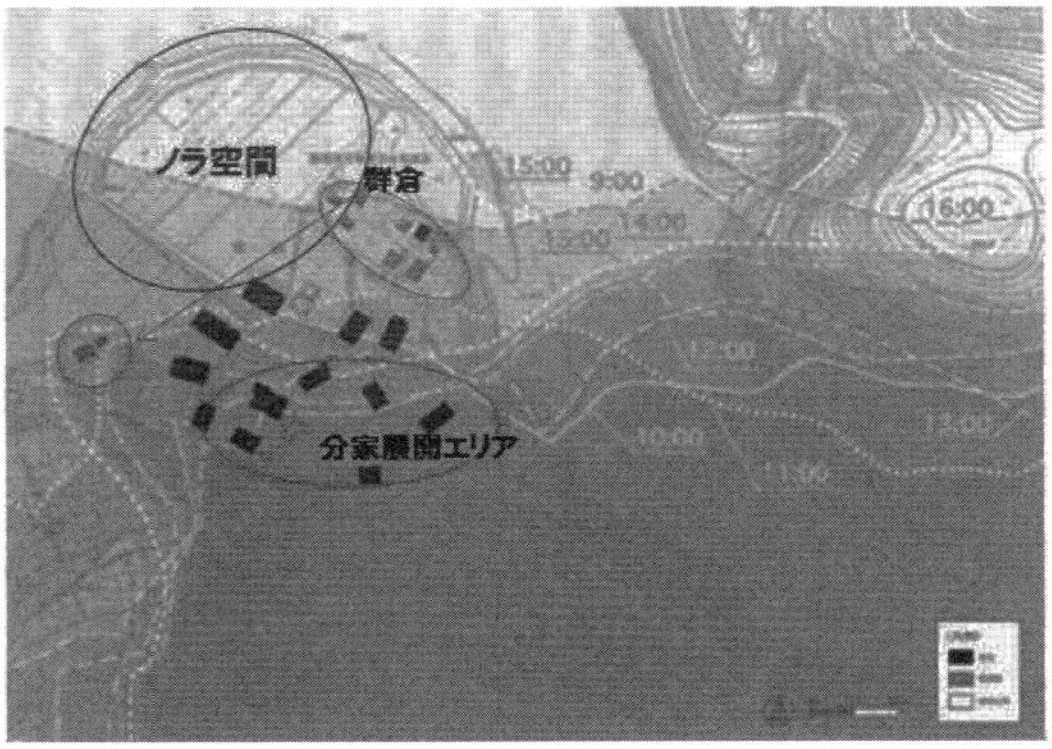

図6　菅沼、ムラ空間とノラ空間、本家と分家の分布から見えてくる集落構造

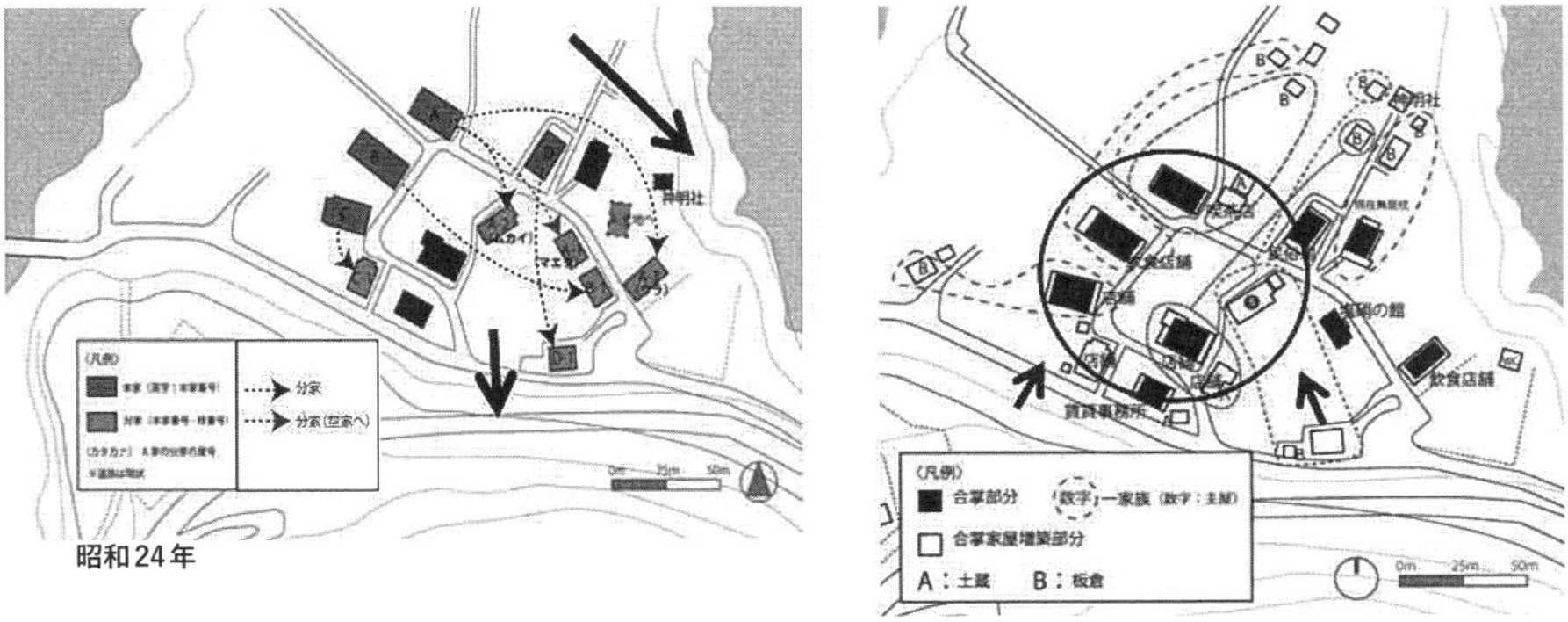

昭和24年

図7　菅沼、本家と分家の分布と建物の増築から見えてくる集落構造

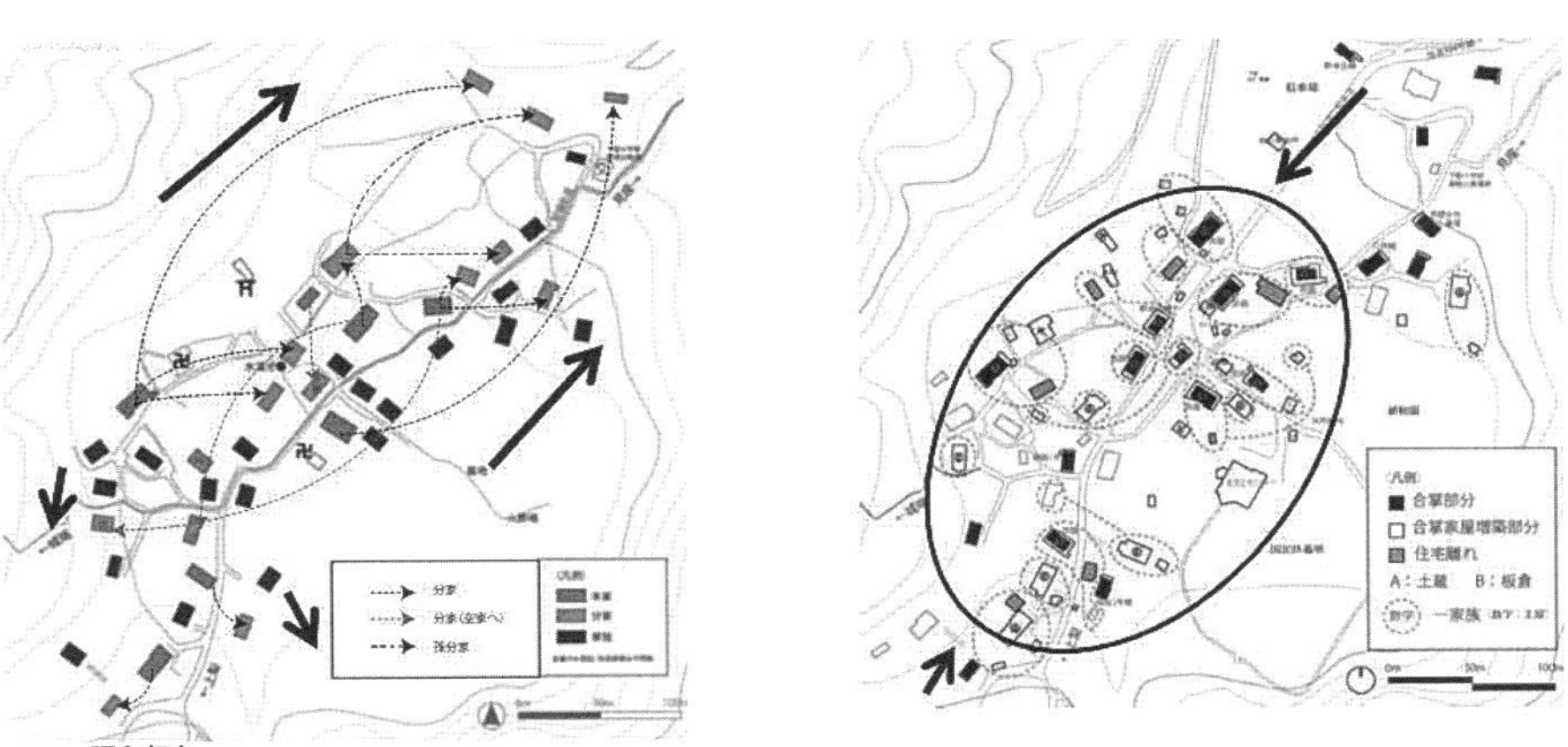

昭和初年

図8　相倉、本家と分家の分布と建物の増築から見えてくる集落構造

ころに生まれてきているのです。

これはあくまで事例なので、普遍的にここまでいえるかどうかわかりませんが、古くからいた本家筋が良い土地に、分家が少し離れたところに家を建てて、それがもう少し人口が減っていくときに、条件の良いところにもう一度人口が集約されつつある。それはそれで一つの物語なのかと思います。時代によって集落が大きくなったり、小さくなったりというのはあると思います。

日本の場合は、町と村の間に塀があったり、壁があったりしませんので、呼吸をするように伸びたり縮んだりということが可能なのです。このことはヨーロッパの町とは違うユニークな点なのですが、その法則性というのは江戸時代からどういうかたちで集落ができてきたかに、ある程度依っているのだと推測します。

もうひとつは物語を継承するということです。写真4は菅沼集落の一風景ですが、この集落は川にすごく近いところでありながら、農地が少なく、両側に山が迫っており、川が低いところを流れているので、水を取るのが非常に難しいところです。この写真の水路も、庄川を渡ったずっと上流からわざわざ水を取っているのです。水が生活するうえで、穀物にとって致命的に重要で、いかに確保し、恵みとして利用しているのか大きな地域の物語があるのです。普通であればここにため池を造り、使うということが多いのですが、ここは急峻な山であり、支流の川もないということで、水を取るための条件が限られていました。

だからこの水路は今では当たり前のように流れていますが、実は非常な努力の末にここまで引いてきて、それが今でも機能しているわけです。そこまでにはたいへんな努力があるし、たいへんな物語があるのです。そういうことを知って、それが今でも

写真4　ものがたりを継承する、菅沼の水路（2009年）

使われていると思えば、ここの大事さ、単なる水路に見えているものが、実はすごく意味がある、物語があるということを住んでいる人も思えるし、来る人にも伝えられると思います。

たとえば相倉の水系を地図上に描くと図９のように水系ができています。これを模式的に描くと図10となります。一戸一戸の建物がぶらさがり、それが一つの組をなしています。住んでいる人ならおわかりのことと思いますが、なぜこの家とこの家が同じ組なのか普通はなかなか説明できませんが、同じ水系で綴じられたコミュニティができています。つまり、社会構造もある種、こうした水とのネットワークの中にある

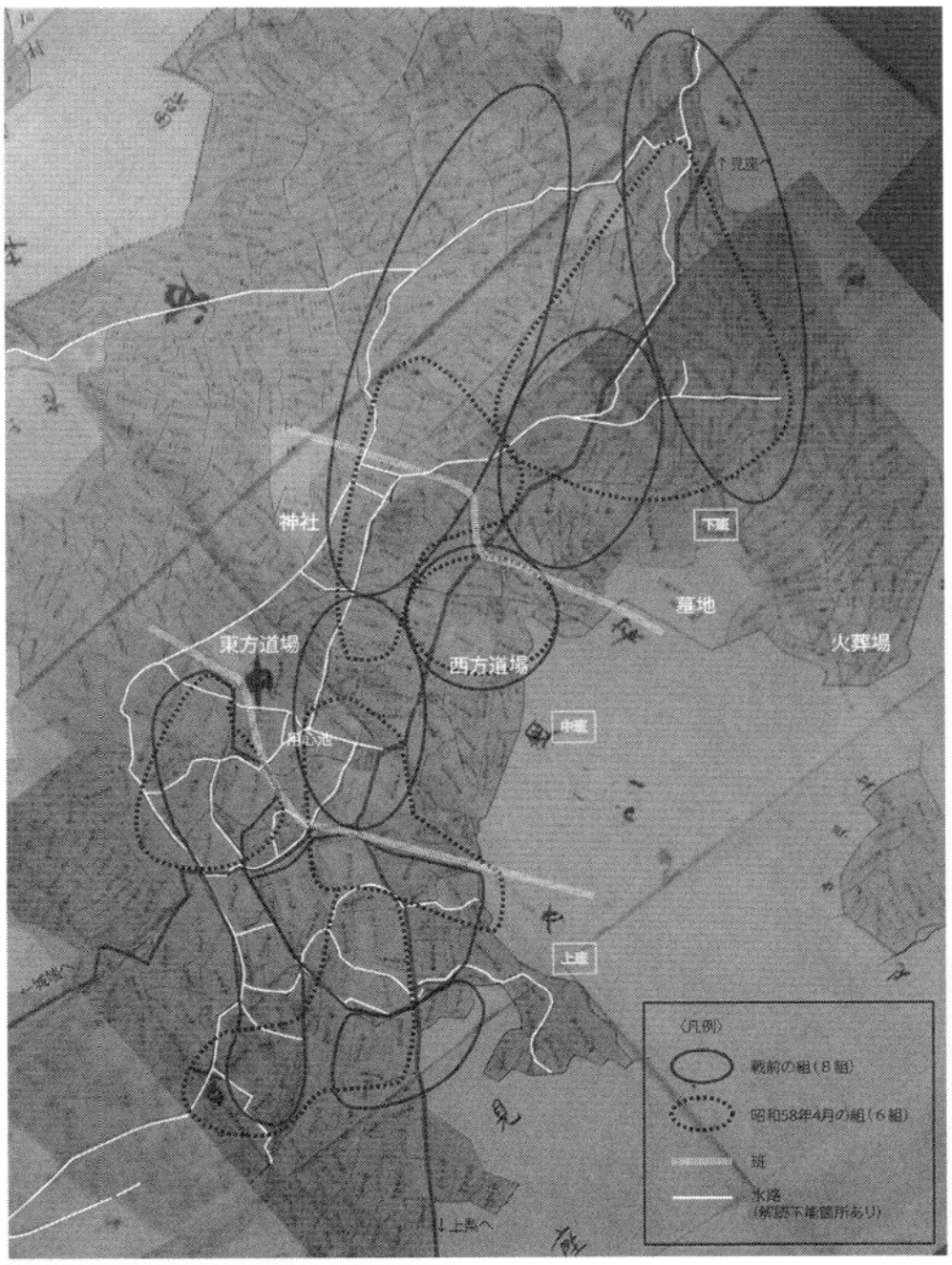

図９　相倉の水路と組、班の関係

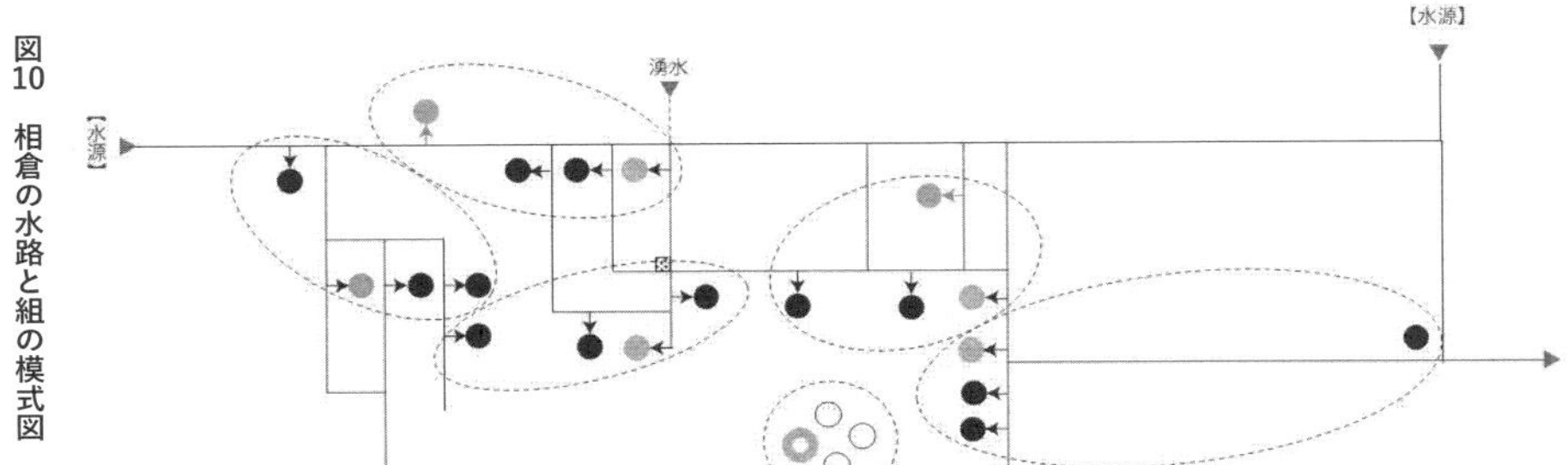

図10　相倉の水路と組の模式図

ということなのです。

また、相倉の中心部分には上梨からの分家と、中畑からの分家が徐々に広がっており、上梨から分家してきた人たちは集落の西側に同じ水系のもとに生活し、同じ組をなしています。水利の関係と村の要職を担った家との関係を見ますと、西側から集落が進んで入ったのではないかと考えています。組と有力な家とがセットになる向きがありそうだと。

そして、それは他の集落でもいえることで、水系のもとにそれぞれの組が分けられています（図11）。単に見ると家がぽつぽつと建っている、この集落には合掌があって、ここにはないというふうにだけ見られがちですが、集落には昔からのストーリーがあって、その一つの鍵は水系にあるのだということです。

たとえば来訪者に「この水路には意味があるのだ」と説明してあげたらどうでしょう。当たり前に見ていた空間が、新しいまち、新しい集落として見えてくるのではないでしょうか。まず初めに、住んでいる人がそうあってほしいと思います。

図11では、それぞれの谷に名前がついていて、各集落別の組があります。明らかに枝の水路から分かれたところでそれぞれ組ができています。五箇山の集落はほとんどが同じ仕組みでつくられていることがわかるわけです。だから、五箇山を一体のものとして考えることに意味があるわけでであります。

まずは、広いところから徐々に集落に下りていって、集落の中で構成要素を見ていくと、いろんなものが見えてくるのです。

もうひとつは周りの自然をさらに深く理解していくことが必要です。皆さんもお詳しいと思いますが、いろんな専門家の知恵、知識を借りるとより豊かな物語を描き出

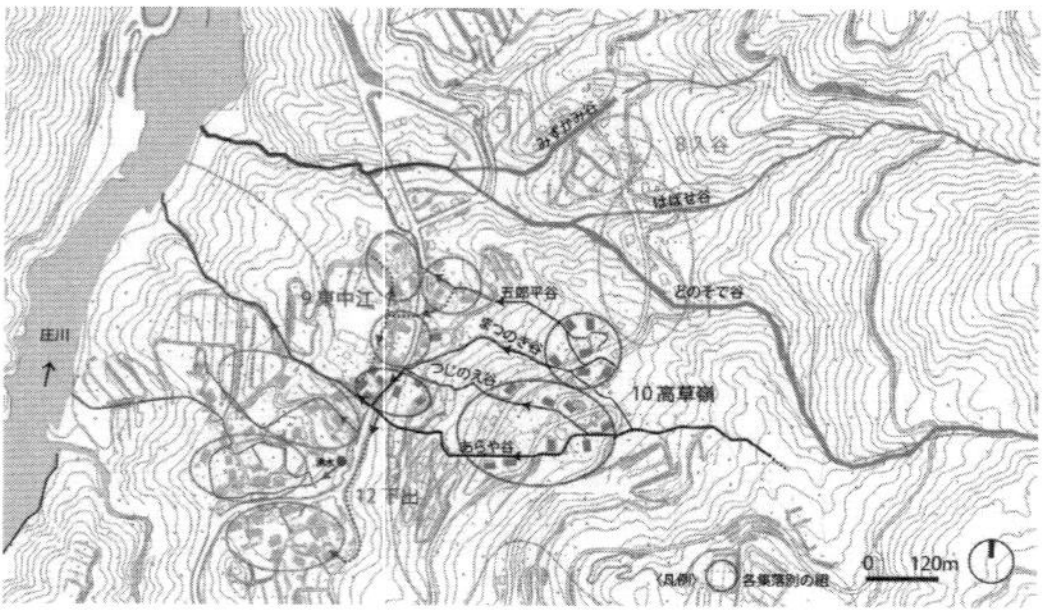

図11　水路と集落、集落を構成する組の例（入谷・高草嶺・下出）

せると思います。

菅沼の背景には防災のための雪持ち林があって、集落があって、ノラがあって、川が流れています。これが完結した風景となっており、今流行りの言葉でいうと「文化的景観」の典型といえます。先ほど、市として「景観条例」を策定するとお聞きしましたが、景観というのは人間がつくる部分もあれば、自然がつくる部分もあります。森は自然がつくっているものですが、森を壊さなかったのは人間なので、その意味では人間が守ったものでもあるわけです。

先ほども述べましたが、いちばん日当たりのいい場所を農耕地とし、そして住宅が建てられました。水を遠くから引いてこれを安定し、桑畑は水田に変わりましたが、同じような土地利用が何十年何百年と続いてきたということがいえます。したがって、これは人間がつくり出した風景でもあるわけです。いなければこうなっていないわけですから、コンスタントにこれをやり続けないと守れない風景なのです。雪持ち林には手を加えない「何もしない」ということもルールの中でやってきたわけです。

普通に見るときれいで豊かな自然、素晴らしい景色であるとしか感じられませんが、ここにはこの風景を成り立たせるための人びとの営みがあった、そういう目で風景を見ると価値もわかり、もっと大事なものに見えてくるのではないでしょうか。

そのことはすでに史跡の時代から考えられていたわけです（図12）。

これは史跡の範囲を示した図面ですが、これを見ると裏の山の部分、茅場、雪持ち林などの場所が実際にわかるわけで、こういうマップがあれば、来訪者が単に合掌造りの建物を飛び歩くだけではなく、もっと広いところに目を向けてもらえるのではないでしょうか。一軒一軒の建物が大事なだけではなくて、それをもつ広いところに、

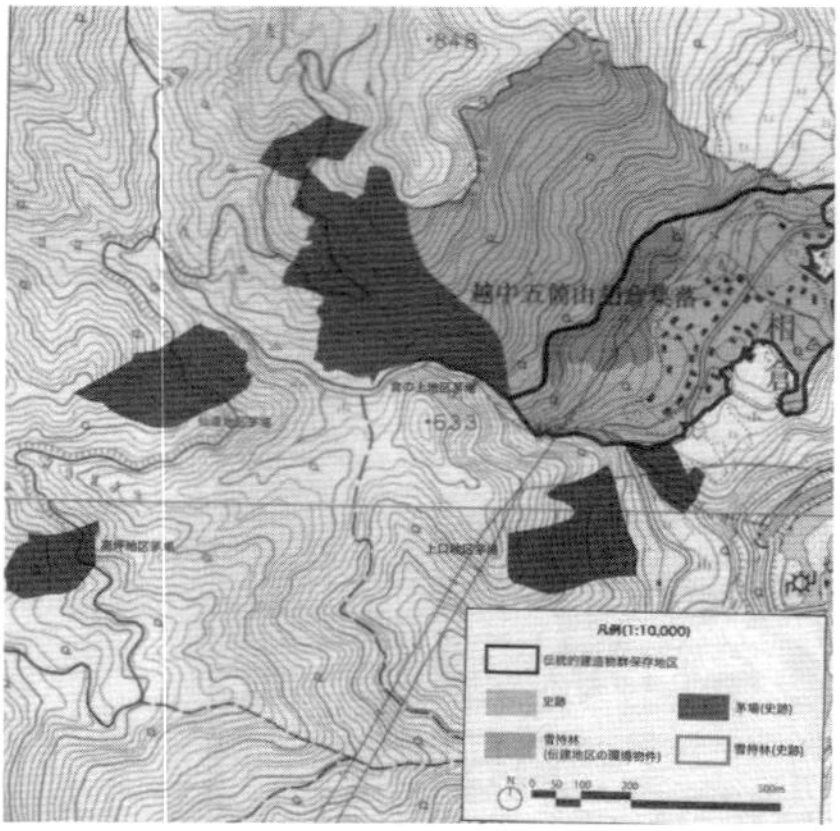

図12A　相倉と菅沼の史跡指定地と茅場・雪持ち林、相倉集落　出典＝『世界遺産マスタープラン』

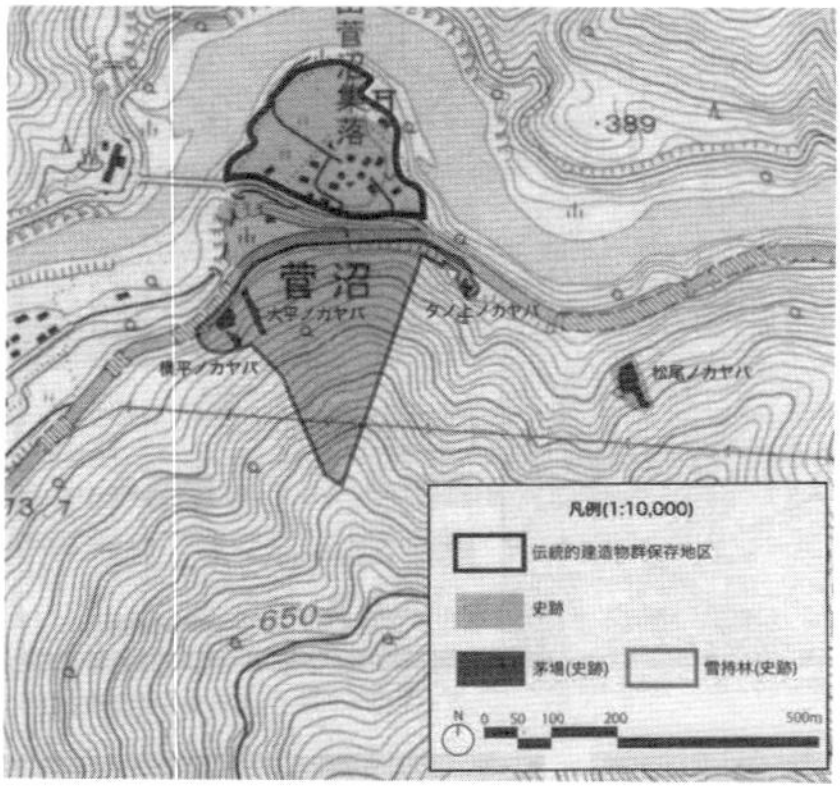

図12B　同上、菅沼集落

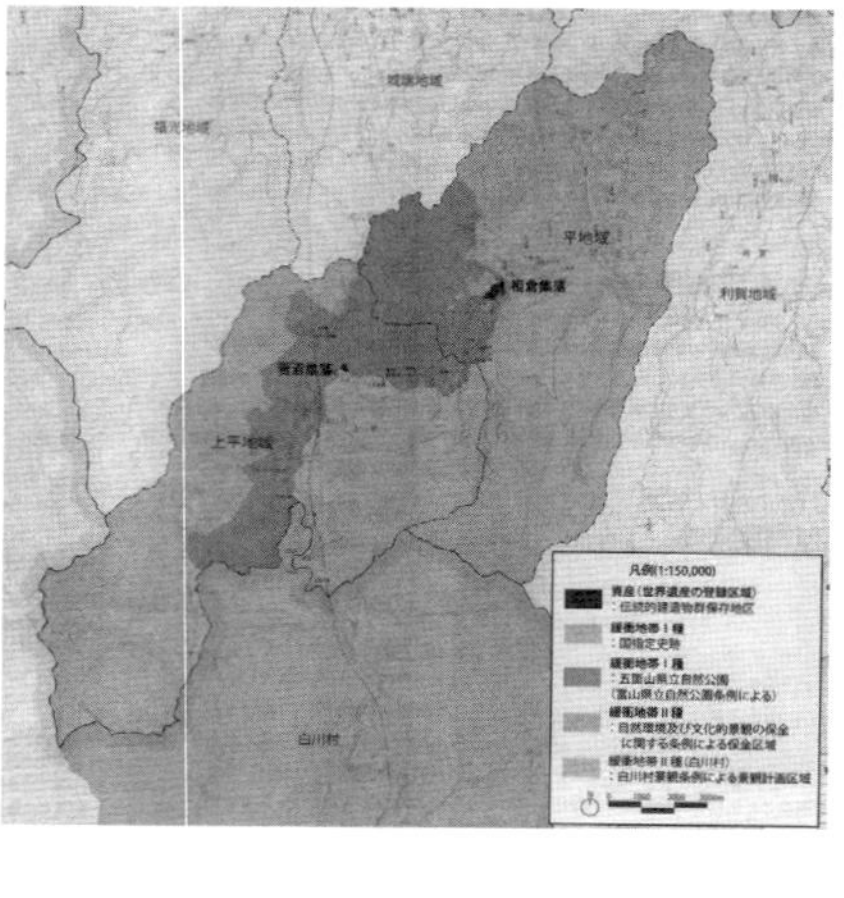

図13　五箇山の世界遺産登録区域と緩衝地帯　出典＝『世界遺産マスタープラン』

自然との関係の中で保たれているからこそ、合掌造りも生き続けられているところもあるので、そういう広い目で見てもらえればそこに価値があることがわかるのではないでしょうか。もう少し一歩、二歩踏み込んで地域を理解する、地域を説明する、そして地域の魅力を明らかにするということです。

もうひとつ加えると、五箇山は世界遺産なので、もう一歩先に進んで世界と繋がり、世界標準となることが重要なことだと思っています。

図13は五箇山の世界遺産のコアゾーンとバッファーゾーンですが、とても広いバッファーゾーンをもっているわけです。つまり五箇山全体を守っているのだと、こういうことを来訪者にもわかってほしいし伝えなければなりません。現在、五箇山の「景観条

例」を作る努力をしているのだと。少なくともアジアの標準になりますし、そこから外に向かって発信できるのではないか。そのことはいろんな国のモデルになり得るのです。

五箇山は世界遺産なので、世界に対して、ちゃんと五箇山を守っていって、五箇山を情報発信していって、五箇山が世界のトップの基準になる責務があるわけです。

その責務というのは、先ほどから述べていることのローカルなことを深く見て、理解して、理解を深めることと一体なのです。観光客に対してのプロモーションだけではなく、地域を深く知り、物語にして語っていく、それが一つのガイドラインになっていく。それがあるからこそ、意味があって、意味の深い世界があります。そして他の国の人も本当の日本らしさとして味わってくれます。そういうことをぜひめざしてほしいと思います。そのことの先に観光があると思うのです。

深い地域理解を自信をもって進めること、それが品質の高い観光にも繋がります。それは単に「おもてなし」や「英語で案内ができる」という世界ではないのです。できなくてもいいのです。それより地域をわかっていることの方がはるかに大事です。そういう行き方こそ五箇山のこれからの道だと思います。そこの基盤に立って、広がった観光や地域開発の話があります。自信をもって進めていけば、自ずとそういうことになっていくと思います。

ご静聴ありがとうございました。

註

★1　森朋子『大字を基礎とする集落の保全手法に関する研究——五箇山における相倉・菅沼集落群が持つ特性に着目して』（二〇一三年東京大学博士論文）

5　熊川の町並みから有機的まちづくりを考える

今、ご紹介にありましたように、私は一九八五（昭和六〇）年に熊川に調査に入りまして、伝統的建造物群保存地区（伝建地区）というのができてまだ間もない頃ですけれども、伝建地区を研究のスタートにしているわけであります。そのなかでこういうものを何とかまちづくりに活かしたいということで始めたわけであります。少し個人的にも長い歴史がありますので、個人的なスライドもありますけれども、ご紹介したいと思います。

二九年前に最初に調査に入った頃に、今からいうと非常に隔世の感があるんですけれども、航空写真一枚取り寄せるのにすごい時間がかかったわけですね。今や一瞬にしてグーグルアースでこういうのが誰でも見られるんですけれども、当時は写真を取り寄せるのに三週間くらいかかりました。費用もかかるので、そう簡単に航空写真を入手することはできなかったのです。

もっと古い時代の熊川の宿場町です。上ノ《かみん》町《ちょう》、中ノ《なかん》町《ちょう》、下ノ《しもん》町《ちょう》と三つに分かれていて、ここにバイパスができるわけです。こういう見事な宿場町であります。当時の写真（写真1）です。

大半の伝建地区の皆さん方のところも大きな変化があると思いますが、ここでの変化も本当に大きいです。今、ここがカフェになっているんですけれども、当時新しいお店が生まれるなんて想像もできなかったです。舗装も何度かやり替えているのですけれども、こんな感じでした。ここに「前川」という川が流れていて農業用水も兼ねています。

写真1

写真2A 上ノ町 1985年

写真2B 2008年

写真3A 中ノ町 1985年

写真3B 2004年

写真4A 中ノ町 1985年

写真4B 2004年

写真5A 下ノ町 1985年

写真5B 2004年

写真6A 下ノ町 1985年

写真6B 2004年

ここには長い調査の歴史、そして活動の歴史があるわけで、少しそれを振り返ってみたいと思います。ここの伝建調査は一九八一年（昭和五六年度）に行っているわけですね。これは福井大学のメンバーが調査をされて、実は今の森下町長は、当時この調査の担当だったんですね。それでこういうたいへん力の入った調査をやられて、ほぼすべての建物の連続平面図をとられるということがありました。

ところが当時は調査の後、少し「伝建地区」で盛り上がったようですけれども、やはり規制がかかるんじゃないかというようなことで、若干期待が高まったぶん、少し動きが収束してしまったということがありました。

そのあと一九八五年に私たちが日本ナショナルトラストと調査を行いました。このときも現森下町長が担当だったと思いますが、基本的な建物の調査は終わっていたので、私たちがそのときに考えたのは、子どもたちと一緒に町をきちんと見るようなことをやってみようと。今はいろんなかたちで環境教育などをやられていますけれども、三〇年前にはそういうことはあまりやられていなかったんですね。

そこで熊川小学校という、すぐそばにある小学校に相談に行きまして、校長先生にご相談して何かできないだろうかと。本当に幸いなことに子どもたちと一緒に調査をすることができるようになりまして、その頃私は明治大学の助手だったんですが、明治大学の学生諸君と大学院生の諸君と子どもたちと一緒に調査を始めたんです（写真7）。町をいくつかの班に分かれて歩いて。これ（写真8）は倉見屋さんのおばあちゃん。この建物は今年、重要文化財に指定された「荻野家」です。ヒアリングしたり、さまざまな調査をやらせてもらいました。また、これ（写真9）は上ノ町の亀井先生のお宅ですが、絵図を貸してもらったり、建物を実測したりしました。

それでこういうことをやっていると、けっこう地元のマスコミの人たちが関心をもってくれて、子どもたちにインタビューしてくれたんです。そうすると子どもたちは「こういう調査は非常に新鮮で面白い、やっぱりこういう古い町並みは残すべきではないか」ということを言ってくれたりしたんですね。

それで先ほど言いましたように、伝建調査があって少し盛り上がったのが反動で全体として動かなくなっていたときに子どもたちがいろんなかたちで活動してくれました。

また「葛」ですが、当時は葛の商品化というのはされていなかった。かつてやられていたんですけれども、なくなっていたのをもう一回調べてもらったり、水路を調べるようなことをやったり。それを学校の体育館で「町並み学習発表会」と題して発表会を二年続けてやりました。二年めには担任だった宮川先生にお世話になりました。

PTAの人に聞いてもらって。これ（写真10）は当時の集合写真です。この中には中学校の先生になった人も福井県の職員になった人もいます。

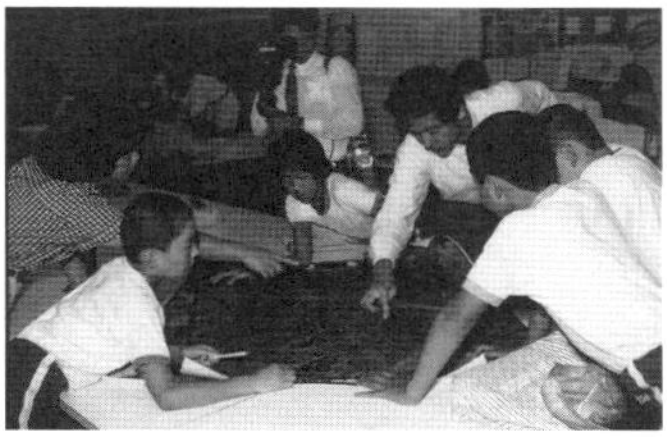
写真7

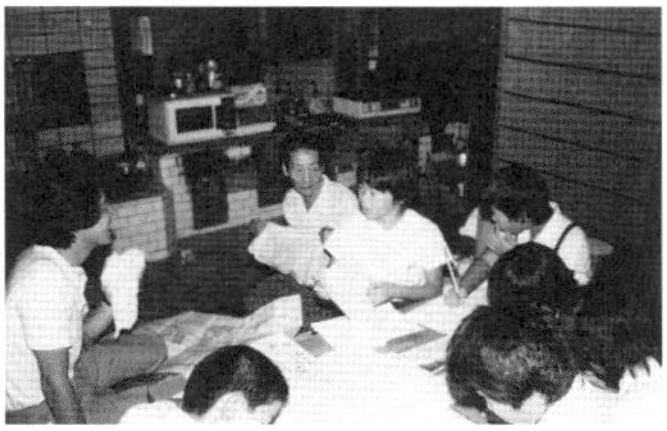
写真8

写真9

写真10

写真11

写真12『熊川宿の町並み』

写真13『町並み学習』熊川小学校

夜に私たちの宿を訪ねて来てくれたときの写真（写真11）です。彼らが大学生の頃に私はまた別の機会があってここに来ることがありまして、再会したんです。びっくりしました。

調査のときの話に戻りますが、そのときに私たちは『熊川宿の町並み』（写真12）という調査を報告書にしました。このときの調査は、具体的な町並みの建物の調査というよりも、もうちょっと集落の調査とか集落の使い方の調査を中心にやりました。こういうところがあるんではないかと提案したり、どういうふうな活動をしていたかとか、子どもたちの遊び場がどういうものであったかということを調べたりしました。そしてまた、すごくうまく伝統的な建物を使っていらっしゃるお宅があったので、どういう使い方をされているのかということも調べました。

子どもたちは子どもたちで『町並み学習』というかたちで報告書をまとめてくれて、これを当時担任だった森本先生が冊子にまとめてくださいました（写真13）。ということで、この後もずっと、定期的に熊川小学校では、この熊川宿を教材にして、地域から学ぶということをカリキュラムの中にちゃんと作ってくださっているんですね。

写真14　2008年

写真15　2010年

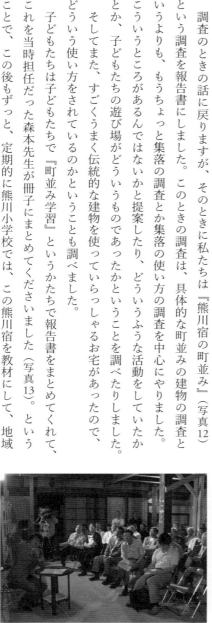

そしてそれは今、子どもたちがいろんなかたちでガイドを務めてくれたりするようなことにも繋がっているんですね。

当時の発表の中で『町並み新聞』というものも作ってくれました。

熊川小学校には、それから二〇年以上たった二〇〇八年にもう一回訪れ、小学校の皆さんと交流する機会がありました（写真14）。当時の小学生がまた新たに熊川のマップをそれぞれの班で作ってくれて、ある種の教育のカリキュラムの中でこういうことをやってくださっているということで、それを外から私が見ていろんなかたちで質問したりコメントしたりするというような機会を得ました。今でも覚えておりますが、たいへん熱心な子どもたちとの語る会でしたね。

熊川だけではなく伝建地区の多くがそうだと思いますが、さまざまな活動がさまざまな局面で起きていて、それが単に伝建の修理が進んでいくだけではなく地域の活動をすごく高めているということがあります（写真15）。

そうした活動のきっかけになったのがこの建物（写真16A）です。先ほど言いましたようにナショナルトラストの伝建の調査から、なかなかその後、すぐにはものは動かなかったのですけれども、この建物がきっかけになったんですね。

これは旧逸見勘兵衛家という、川のそばにある建物ですけれども、私たちが調査に入ったときからもうすでに、かなり荒れていたんですね。ずっとそのままだった。それでこの建物を何とかしないといけないのではないかと思い出したんです。

雪も多いところなので、雪が降るたびに冬になるたびに非常に荒れてくるんですね。これを町の人がずっと見てたので、何ものが動かないどころかどんどん悪化してきて、これでいいのかということが危機感として共有される。

写真16A　1985年

写真16B　2004年

私もここからまずやらないといけないんじゃないかと思いまして、町にもいろんなかたちでお願いをしたりしました。そしてこれに対して当時の上中町が動いてくれて、当時の霜中町長がここにお金をつけてですね、これをモデルハウスとして修復することをやってくださったのですね（写真16B）。

これは伝建地区になる前なので、まったく町の単独事業として、なおかつここはもう空き家になっておりましたので、これをある種モデル的な住宅にしようということです。内装はこういうかたちになっていて。これは建築家の吉田桂二先生が、私たちの仲間であったわけなんですけれども、こういうかたちで再生された（写真17）。そしてこのように住みこなせば、一見古めかしい建物もたいへん快適に住めるんだとい

写真17A

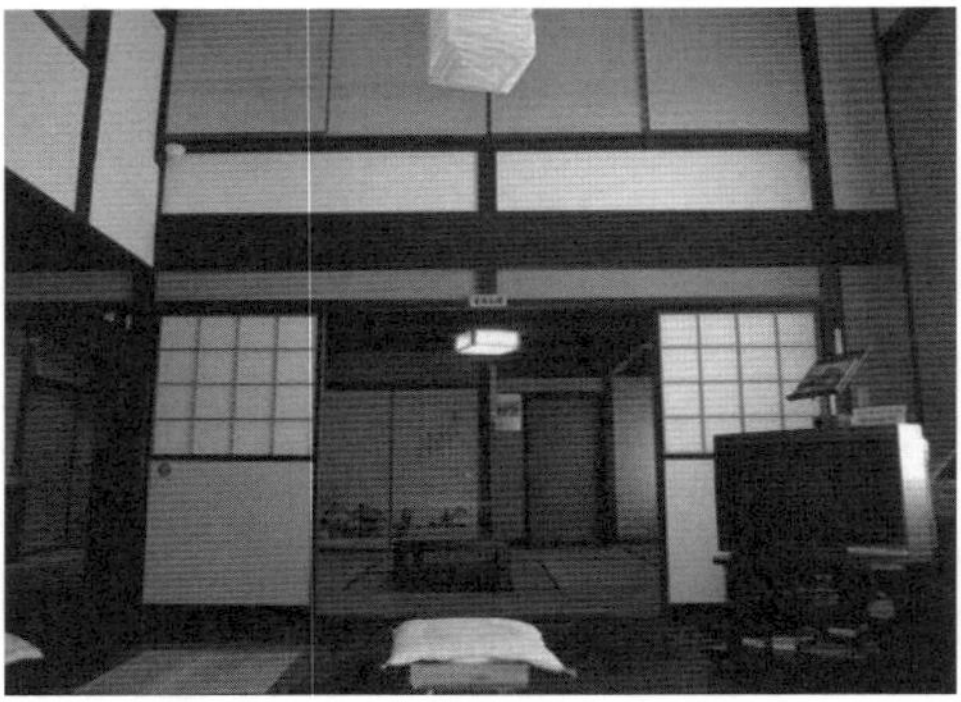
写真17B

写真17C

うことを示してくださったんですね。そして今は、おもてなしの会が中心となって、外のお客さんを泊めるようなことをやってくれるということに繋がっているわけなんです。

もうひとつ初期に行われたのは、公民館のかたちが町並みとして連続していなかったときに、ここのところを何かできないだろうかということで提案して、こういうかたちの小さな展示スペースを作って町並みとして連続性を作るということでした（写真18）。これも伝建選定の前に行われました。ここは今もそういうかたちで使われているということであります。

一九九六年が伝建地区の選定の年なんですけれども、もうひとつ教育委員会がやってこられたことで特筆すべきなのは、ここまでやってきた町並み保存の歩みというのを五年ごとに芸術文化振興基金のお金を使って記録にまとめられていて、それですべての修復と主要なものが全部冊子になって今でも残されているんですね。

こういうふうにやられているところがいくつかの伝建地区でもあると思いますけれども、必ずしも全部の地区ではないわけですね。

これ（写真19）はその表紙ですが、Aが一九九六年〜二〇〇〇年までの五年間、Bが次の五年間、そしてCが二〇一〇年までということになっているわけです。それで表紙の写真にもあるように、だんだんと物から季節、そしてアクティビティと、写真から関心が広がっているというのもおわかりになると思います。

これはたいしたもんですね。修理前から修理後にこう変わったということが書かれているだけでなく、それぞれの建物の概要と工事の概要が書かれていて、所有者の感想、そして講評が書かれている。講評ですよ。所有者の感想は、まあ基本的には誉め

写真18A　1986年

写真18B　2014年

てくださっていて感謝していてくれるんですが、感謝するだけでなくて、たとえばこの場合、「でも修理後の修理について悪いところがないか一度ぐらい訪ねていただだいて、住んでいる施主の心も聞いてほしかった」と書いてある。

講評というのは、これはずっと一貫して面倒見ていただいている福井大学の福井宇洋先生が書かれておられるんですが、福井大学の最初の伝建調査からずっと関わっておられる先生です。建築家の柴田さんもそうでした。先ほどの続きですけれど、どういうふうに修理前から修理後に変わって、平面がどう変わったかというようなこと一個一個を、全部ではないけれど主要なものを、実際その概要がどうで、所有者の感想がどうで、どういうことをやったのかということが書いてある。それが具体的にこういう報告書になった。こういうのは次に繋げていける。

この間に単体の建物の保存修景だけでなく、電線の地中化や舗装の改修、前川の整備などが行われてきました。

日本の町並み保存はある意味アジアの中でのトップランナーなので、アジアの人た

写真19A 『若狭鯖街道熊川宿の町並み保存』福井県若狭町教育員会

写真19B

写真19C

ちは注目しているんですね。日本人はちゃんとした記録を残すのは得意なんで、その意味でもここでこういう記録が残されているのはいいなあと思うんです。

驚くべきことにこの報告書は、いちばん最後に総評というのがあって、福井宇洋先生がこの五年間をみて、どういうことなのかとコメントをつけておられます。

たとえばコメントの中で「ここはだんだんとベンガラの塗りに復元されている。初期はなかなか本物のベンガラが少なかったのは反省点」として書いてあります。「だんだん本物のベンガラが増えてくる。すると全体として華やか色になってくる。これが本当に昔からの熊川なのか。もう少しバラエティーにすべきでないか」と非常に細かいことまで総評に書かれています。こういうふうに自分たちの仕事を、客観的にもう一度見るということも大事なんじゃないかなと思います。熊川の町並み保存を一貫して担当してこられた町の教育委員会の永江さんのような方がおられたから、可能だったのでしょう。

そのなかでさまざまなグループが生まれてきています。先ほどからも言いましたが、ものを単に修理して再生して修景するということが、それにとどまらないで、もちろん人が住んでいるところなので住んでいる方の協力が必要だということもありますが、それ以上にそこからさまざまな活動が生まれてきて、そしてそれが育ってくる、というのはやはり町が生きているということだと思うんですね。

ここにどういうグループがあるかを少し見ていただきますと、これは「若狭熊川宿まちづくり特別委員会」で、活動全体を統括している。全国町並み保存連盟の中核のグループの一つでもあります。「熊川宿伝統芸能保存会」。「熊川宿町並み保存伝統技術研究会」、これは建築家や工務店などの技術の会です。「熊川いっぷく時代村実行委員会」、これは平成一一年秋に生まれた実行委員会です。「熊川宿おもてなしの会」（写真20）、これは旧逸見勘兵衛家などをベースにした会です。

「熊川宿ファンクラブ」、「熊川宿ほたる生息研究会」、「熊川葛振興会」、「若狭町かみなかの語り部」、「つるの会」、「わかさ東商工会熊川支部」、「熊川宿観光組合」、「熊川地区公民館」など、さまざまなグループが作られさまざまな活動をされています。

具体的にいくつかご覧に入れたいと思います。「熊川宿町並み保存伝統技術研究会」は建築の専門家の集まりで、「鯖街道熊川宿デザインガイド」を作って、そしてここで実際に修景事業に役立てている。また「若狭熊川宿まちづくり特別委員会」は、「若狭熊川宿まちづくり憲章」を二〇〇四年に作っていて、その憲章と並行して「若狭熊川宿の自立したまちづくりを進めていくための申合せ事項」を作りました。

これは自主的なガイドラインで、具体的には一番は、「熊川を一つの共同体と考え、「みんながよくなる」ことを目的とした「まちづくり」を積極的に進めていく」。二番めは、「道路や前川を常時きれいに清掃し、美しい町並みと流れを守る」と書かれています。こういうことは各地でやられていると思いますけれど、伝建の大きな成果です。

また「てっせん踊り」があります。これは熊川ではもう廃れていたものですが、鯖街道沿いの京都の一乗寺に残っていることがわかりまして、一乗寺の郷土芸能保存会からもう一回てっせん踊りを習って、熊川で八〇年ぶりに復活した踊りなんですね（写真22）。

また「つる細工」が盛んになってきています。「いっぷく時代村」（写真23）というイベントや、こうした灯りをともした「陶の灯り展」（写真24）というイベントなど

写真20　熊川宿おもてなしの会（旧逸見勘兵衛家）

写真21　熊川葛の復興

が行われるようになってきているわけであります。

「空き家再生」も、全国の伝建地区の中でもやはり空き家は非常に大きな問題でありまして、空き家をどうするかということがあるわけですね。これに関してさまざまな努力が続けられてきている。熊川でも空き家再生のプロジェクトがされてきていま す。なお今、特区の中でこうした空き家を改装するとき、建築基準法上の非常に制限がかかる、もしくは宿泊施設にするとき制限がかかるということで、この制限を何とか突破できないかということに関して、空き家再生に対して緩和の措置がとられるということになってきました。

そういう意味でもこういう動きが全国規模で可能性が広まってきているということがいえるわけです。そして熊川では、空き家再生のシンポジウムが行われています。

写真 22　てっせん踊りの復活　若狭町資料

写真 23　熊川いっぷく時代村　若狭町資料

写真24　陶の灯り展　若狭町資料

そしてまた昨年ですけれども、再生されてきた熊川宿に移り住みたいという方も少しずつ希望があるということで、住まい探しのまち歩きというようなことも行われるようになりました（写真25）。

また、こうしたかたちで「山車」が復活しました（写真26）。囃子は継承されていたんですが、山車そのものはずいぶん前になくなっていて、お祭りそのものがなかなかできにくい状況がありました。そこで、山車と見送幕を、ふるさと文化再興事業によって四〇年ぶりに復活して、お祭りがまたやられるようになったのです。

私たちが一九八五年の調査のときに熊川の子どもたちが調べてくれたのですが、熊川の白石神社の祭礼が行われるのが明治四五年からほぼ一〇年後とか、昭和三年の次は昭和二一年なので、ここでは二〇年近く間が空いているということで非常に不定期に行われていて、そして最後に行われたのが昭和三八年で、四七年四八年は練習だけ行われていました。実際に助成事業で山車が復活してアクティビティが復活してきたということがいえるわけであります。

また、つい最近では「防災まちづくり」ということで、ここは山が近いということもあって、防災のまちづくりの計画というのを市民参加で作られました。これはたいへんレベルが高いということで全国表彰を受けた報告書なんですけれども、これ（写真27）はその報告書の表紙です。

そのためのワークショップが開かれたり、防災まちづくりのシンポジウムが開かれたり。そして具体的に防災のための土石流の警戒区域や、土砂災害の想定被害の地域などが明らかになって、そしてそのなかで何をどういうことをやらないといけないのかということを、地元の方がたがワークショップの中で話し合われているということ

写真25　住まい探しまち歩き　若狭町資料

写真26　山車の復活　若狭町資料

であります。

そして具体的な計画案を作っていったということですね。ですから、これもまさしく単に文化財としての建造物群を守るというだけでなくて、生活を守るということに繋がっているわけであります。それで『熊川宿の防災まちづくりマニュアル』も作られたわけです。

そしてもうひとつ、これは熊川宿だけでなくて、若狭町全体で非常に面白い取組みがありまして、それは何かと言いますと、若狭町の「伝統文化保存協会」が『伝統文化実態調査報告』ということで、無形文化遺産の悉皆調査をやられて、それが非常に分厚い報告書にまとめられているんですね。三〇〇ページくらいあるのかな。非常に分厚い報告書で各集落ごとに分かれています。

熊川のところを取り上げてみますと、どういう神社仏閣があるかということ、また年中行事はどういうものがあるのか、そしてどんな伝統行事があるのかということですね。これはやはり地域によってそれぞれ違うわけです。具体的には、この神社の祈願祭や白石神社の祭礼、一年のイベントの続きがずっと書いてあって。具体的にそこに関して、行者講や非常にユニークなものに関する説明があって、そしていちばん下にはさまざまなコメントがある。

皆さんご承知のとおり、各集落は伝建地区であろうがなかろうが、さまざまな伝統行事や小さな神社の祭礼があるわけですね。そのときに祭礼だけでなく、どういう行事食が作られて、どういうかたちで共食されるのかということに関しては、それぞれの集落が多様な文化をもっているわけですね。それでこの多様な文化の全体像というのは、実は日本の中ではあまり明らかになっていないわけなんです。

写真27『防災まちづくり』

それはあまりにも多いということもありますし、普通の生活をしていると、そういうのはどこだってありますよという感じで、重要だということがあまり感じられないのですけれども、海外から見てみると、特に欧米から見てみると驚くべきことでありまして、各小さな集落ごとにこれだけ多様なお祭りや伝統行事、それが単なる伝統行事だけでなくて、食事も違っているというようなことがある。

それが全体に一冊にまとめられるということがあまりないんですね。それをここでやられている。

文化庁が指導されてやってこられた「歴史文化基本構想」を、ここは若狭町と小浜市と共同でやられたんですけれども、そのなかでこういうものを住民自らの手で無形文化の悉皆調査が行われて、それに若狭町独自の活動をやられて、その成果としてこういうものをまとめられたわけなんですね。単なる伝建地区だけの問題ではないところまで広がってきているのではないかというふうに思うわけです。

こういう有機的なまちづくりは熊川だけではなくて日本中の至る所で行われてきているると思いますし、伝建地区は特にそのことが顕著じゃないかと思うんですけれども、それはいったいどういうものなのかというふうに、もう一回考え直してみたいと思ったんですね。それでおそらくそれは、この三つのバランスをいかにとるかということではないかと思います。

それは「地域環境」、「地域社会」、そして「地域経済」の三つのバランスをいかにとるかということです。

伝建地区というのはもともとは「地域環境」から始まるわけですよね。文化財としての伝統的建造物群から出発するわけなので、この「地域環境を守る」ということから始まるんですけれども、これが他の文化財と決定的に違う点は、それはそこに人が住んでいるということですね。ですからそれは社寺仏閣とはまったく異なっている。

人が住んでいるとはどういうことかというと、それは現代生活がそこで営まれているということなので、現代のニーズに応えないといけないわけですね。

ですから、必ずしも普通の文化財であれば当初のかたちに復元するとか、原状をそのまま凍結するということが安全な政策として考えられるんですけれども、それでは済まないんですよ。それは明らかなわけです。

なぜかといいますと、伝建地区が生まれた頃、つくられた頃の文化のありようというのは、今の文化のありよう、生活のありようとはまったく違うわけです。大家族で、着物を着て生活して、ひょっとしたらまだ電気も来ない頃につくられた集落なので、それを現代社会の中で車も使いながら温かく暮らすというなかで、一〇〇パーセントオリジナルに戻すということはできるわけがないですよね。

いかに現代生活、つまり「地域社会」をうまくサポートして、「地域環境」があることがプラスになるようなことがやれるか。ひょっとするとある場合には、うまいバランスの中で新しいデザインのあり方が考えられないといけないということもあるわけですね。

そのことを、ここにいらっしゃる伝建関係者の皆さんが仕事として、また生活者として、よくおわかりになっていると思うんですね。

しかしこれは文化財のあり方としては非常にユニークなわけですよね。

ですから、そこのところのユニークさというのはある意味それは文化財を超えて、まちづくりとして、環境と社会がうまいバランスをとって持続可能で生きていける。

そういう可能性を秘めているのではないかと思うわけです。

と同時に伝建地区が文化財的な価値を超えて、やはりまちづくりとして非常に重要な意味をもっているということに繋がってくるんじゃないかということですね。このことは伝建地区は最初から内在させていたわけで、それは意識化されているかどうかは別にして、私たちみんなが思ってたものだというふうに思います。

ところがそれだけではまだ不足であって、それはもうひとつここに「地域経済」というのがないと、やはりサステナブルに生きていけないわけですね。つまりこれがやられたとしても、空き家ばっかりになってしまったり、ここにある種のエコノミーベースというのが生まれないとすると、それはサステナブルとは言えないわけですね。

そこにどういうかたちでうまい「地域経済の活性化」というものを入れていくか。それはある意味では観光の問題でもあるでしょう。新しい地域産業の問題でもあるかもしれないし、もしくはさまざまなかたちで空き家が再生されてくるようなプロセスですよね。

ここに住むことが、ある将来のビジョンを成り立たせてくれるということになれば、単なる観光だけではない、さまざまな「地域経済」が回っていく可能性がある。そういうことにいかに繋げていくかというようなことにも繋がってきているのではないかと思うわけであります。

私もアジアのさまざまな国の方と伝建地区的なものを応援するということをやっておりますけれども、そんななかで彼らアジアの人にとっては日本の伝建地区というのは、日本のまちづくりそのものにはたいへん関心が高いわけですね。

なぜかというと、それは単に行政がやるだけではない。地域の方がたが一緒になってやれるようなボトムアップ的な活動であって、官民が協働でやれるものですよね。それはアジアの国では非常に少ないんです。しかしそういうものに対する関心は非常に高まってきています。

日本はそのトップランナーなんですね。まちづくりそのものはもう五〇年以上歴史をもっているわけですが、ただ非常にユニークなのは、そのまちづくりの五〇年以上の歴史の中で伝建地区に代表されるような歴史的な町並み保存というのがいちばん長く継続されていて、それがかたちのあるものとして見せることができるんです。それは伝建地区の歴史が長いからであります。まあ、町並み保存の歴史は伝建地区の歴史よりももっと長いわけでありますが——。

ということでアジアの人にとってみると、歴史的な町並みが残されていることが、まちづくりのひとつの大きな結果として残っているということは、非常にわかりやすいまちづくりのモデルになり得るんですね。ということで、アジアの多くの人たちが日本の歴史的な町並みを見るようになってきているわけであります。

こうなってくると、おそらくは単なる文化財というのを超えて、全体として統合するような、地域の個性を活かして持続可能な町をつくっていくために、歴史的なものをいかにうまく利用するかというようなところに、まちづくりが進んできているわけであります。

そういうふうに考えるということが「有機的なまちづくり」であって、そこにたとえば熊川のような例があるんではないか。それはおそらく大半の伝建地区はそういうことになっているんではないかと思うんですね。ということでこういうふうに「有機的まちづくり」を考えたらどうか。そして、そういうものとして歴史的な町並みというものを考えたらいいんではないかということを私は言いたいと思っているわけであります。

私自身もそういう意味で伝建地区がもっている可能性というものをこれからも考えていきたいと思います。

最初に申し上げましたように、私にとっても伝建地区、歴史的な町並みというのが私の研究のスタートでしたし、最初からずっと何のためにこれが大切なのかとずっと自問してきました。

あるときにはこれはある種、都市的な住宅様式の典型ではないかと考えたわけであります。つまり日本では町家のようなものは江戸時代にはできたのに、その後生まれてないんですね。つまり一軒一軒は独自なんだけれども、並ぶと統一感がある。つまり統一感と独自性、個性とが同時に達成されていて、それが都市住宅として安定しているというようなものは、欧米にはあるんですけれども、日本では町家以降生まれてないんですね。ですからそういう意味で、非常に重要なのではないかというように考えたこともありました。

まあ今でもそう思っているんですけれども。でもそれだけではなくて、ここにある「有機的なまちづくり」が行われるんだということの中に、私は伝建地区の将来があり得るんではないかと思うようになりました。そのために私も努力していきたいし、各地の担当者の方のネットワークの中でこういうことが進められていくということが大事で、そのことがおそらくアジアの各地のまちづくりを元気づけてくれるし、松明になってくれると思います。その日を夢見て、私のお話を終わりたいと思います。どうもご清聴ありがとうございました。

第2章

文化遺産・観光と向き合う

1　世界遺産条約採択四〇年を振り返る――深化しつつある人類と地球の価値

世界遺産の始まりは遺跡救済キャンペーン

「世界の文化遺産及び自然遺産の保護に関する条約（通称・世界遺産条約）」は、一九七二年に、ユネスコ（国連教育科学文化機関）総会で採択されました。条約制定に結びついた出来事として有名なのは、一九六〇年代のヌビア遺跡救済キャンペーンです。

当時、このキャンペーンに熱心だったのは、フランスやイギリスの考古学者たちでした。エジプト国内で、フランスとイギリスが手がけたスエズ運河の国有化の動きがあり、エジプトと英仏との間でスエズ動乱が起こった後でした。国同士では争いましたが、ヌビア遺跡に関しては考古学者たちが利害関係を超えて、遺跡保存のために奔走したのです。人類共通の遺産を守ろうと各国に呼びかけ、その結果、ユネスコが動きました。救済キャンペーンには六〇か国が参加し、もちろん日本も資金を出しました。

エジプト国内の遺跡なのだからエジプトが守ればいいというのではなく、世界が協

世界遺産条約の誕生は、ナイル川でのダム建設に伴い、ヌビア遺跡が水没の危機にさらされたことが発端だった

力してやるべきだという発想。この発想が戦時中に出た点で、非常に大きな意味があったと思います。文化は戦争や政治的対立を超えるということを、如実に証明しているのですから。

戦争体験が育んだ平和への共通認識

世界遺産条約の制定に携わった関係者の多くは、第二次世界大戦の経験者だったそうです。聞いた話によると、なかには指を失うなど、戦地で傷ついた人たちが大勢いたといいます。彼らには、文化に対する相互理解によって平和が生まれるという、同じ戦争を乗り越えた者同士だからこそ共有できる認識のようなものがあったのでしょう。文化の側面から平和に貢献しようという共通認識。つまり、世界遺産に平和の可能性を見たのではないでしょうか。

その後、ボロブドゥール（インドネシア）やスコタイ（タイ）の遺跡など、国際的に危機に陥った遺跡を守るためにキャンペーンが行われ、世界から専門家が集まる流れが生まれました。単にその国の文化財を救うのではなく、それが平和や相互理解に繋がるという共通認識が、確固たるものになっていったのです。

世界遺産基金も当初は、遺産を守る目的で使われていました。顕著な例としては、一九八五年に登録された「イスタンブール歴史地域」（トルコ）。イコモス（国際記念物遺跡会議）の評価書はたった三ページ半で、冒頭のまとめの部分には「二大陸の交点であるイスタンブールが世界遺産リストに記載されていない事態は考えられない」と書いてあるのです。これは、評価などしていないに等しい。最初の頃は、こうした

エジプトの「アブシンベルからフィラエまでのヌビア遺跡群」のアブシンベル神殿は移築され、水没を免れた。水没前のアブシンベル神殿

スコタイ遺跡（タイ）

「当たり前でしょ?」と、誰もが納得できるような物件が登録されていました。これは、登録することに努力するのではなく、登録遺産をどのように守り、平和の礎としていくかということが根底にあったためです。世界遺産委員会が遺産を登録するために力を注ぐようになるのは、ずっと後のことです。

世界遺産の転機を担った日本の条約批准

一九八〇年代後半から九〇年代にかけて、世界遺産の登録物件は多様な広がりを見せ始めました。日本は一九九二年に世界遺産条約を批准しましたが、文化遺産の多様化には、日本の条約批准も大きな役割を果たしていると思います。

というのも、もともとイコモスなどユネスコの諮問機関は、おもにヨーロッパの専門家で構成されていたので、文化財保護も、石や煉瓦の文化財をどう守っていくかという〝モノ中心主義〟だったからです。修復や復元をする場合でも、オリジナルの素材が残っている必要があった。これはイコモスが、文化財の修復に関して材料保存に重きを置いたベニス憲章(一九六四年採択)の理念に基づいて発足したためです。

ところが、こうした考えは日本のような木造建築や、アフリカや西アジアなどの日干し煉瓦や土壁の建物には当てはまりません。そこで、当初の素材が失われても、技術が継承され、同じものを作る工法が維持されることを評価する考えが生まれました。締約国の増加につれて文化遺産は多様になり始めたのです。

イスタンブール歴史地域(トルコ)

文化と自然の一体化――「文化的景観」

一方、自然遺産はそれほど増えませんでした。なぜなら、大半の自然遺産は、人の手がまったく入っていない「厳正自然」を守るという、従来の発想で選ばれていたからです。ところが、そのような自然は世界的に多くありません。巨大な生態系を有する地域も数が限られています。かたや文化遺産は多様化に伴って登録数が増えていき、文化遺産と自然遺産の登録数に開きが出てきました。

こうした数の不均衡は、八〇年代後半から課題になっていました。そこで、棚田のような、それまで文化遺産にも自然遺産にも含まれていなかったものも、議論の対象となったのです。厳正自然ではないが、人間の生活が営まれ、利用されている自然です。自然も文化の一環とするこの考え方により、日本の世界遺産条約批准と同年の一九九二年、「文化的景観」という画期的な概念が導入されました。

そもそも世界遺産条約の大きな特色は、文化と自然が一つの条約の中に含まれていることです。日本でも文化財保護法と自然公園法や自然環境保全法などに分かれているように、通常はどこの国でも、文化と自然は別個の法律や条例などで管理されています。文化的景観の審査にはＩＵＣＮ（国際自然保護連合）も加わりますが、最終的にはイコモスが評価するため、結局は文化遺産なのですが、自然と文化が接点をもったという意味で大きな意義があったと思います。

これは後の話になるのですが、二〇〇五年には、それまで文化で六つ、自然で四つと、別個に設けられていた評価基準が統合されています。かつては自然遺産の評価基準であった「優れた景観美」も、それを美しいと感じるのは、文化的背景があってこそということも言われるようになってきました。

〝モノ〟中心から伝統や仕組みも重視

文化的景観は別の観点からいえば、無形のものが重要だということでもあります。たとえば「フィリピン・コルディリェーラの棚田群」のような、伝統的な農業のあり方です。重要なのは、モノとしての棚田ではなく伝統的な農業慣行。こうした無形の文化を評価していく流れも出てきました。

このように文化遺産の多様性は、日本のような国が世界遺産条約を批准し、それまでにないものが推薦され始めたことがきっかけになっています。それをヨーロッパ側も、異なる文化として拒否するのではなく、受け入れて議論を深めていったため、多様な遺産が増えていきました。

その一つに産業遺産があります。炭鉱を例にとれば、その規模がいくら世界最大でも、竪坑だけを文化財や世界遺産とするのは不十分。竪坑を使うための電気を作る発電所や発電施設、ダム、石炭運搬施設や作業者の住居などがあって初めて石炭を採掘できるのです。モノではなく、全体の仕組みが大事だという考え方です。

鉄筋コンクリート製の住宅や博物館などの二〇世紀建築の登録増加も、新たな流れの一つです。これらは生活様式の変化で、増改築が必要になる場合もあるでしょう。現在あるものを尊重しながら、変化していくものも含めようとする風潮も生まれました。たとえばスウェーデンの「スクーグシュルコゴーデン」は一九一〇年代に造られた墓園です。一九九四年に登録されました。

コルディリェーラの棚田群（フィリピン）

スクーグシュルコゴーデン（スウェーデン）

特に素晴らしいと思うのは、複数の国にまたがる遺産です。最初は隣接した国にまたがる遺産が多かったのですが、近年では広範囲にわたる点在型も少しずつ増えてきています。二〇〇五年に登録された「シュトゥルーヴェの三角点アーチ観測地点群」は、一〇か国の共同登録です。各国での保護の取組みに違いがあるなど難しい問題もありますが、いろいろな国が協力して一つの遺産を守ろうとする動きは、国際協力や平和の観点から非常に望ましいことです。

リストからの削除と登録抑制の動き

二〇〇〇年代も半ばになると、世界遺産の登録数が八〇〇件を超えました。こうしたなかで、ヨーロッパ偏重主義、国や地域のバランスの悪さを是正しつつ、世界遺産の増加を抑制する動きも見られるようになっていきます。

そんな最中の二〇〇七年に、オマーンの「アラビアオリックスの保護区」が世界遺産リストから削除されました。平和を推進する手段である世界遺産において、〝削除〟という事態が起こったのは非常に嘆かわしいことです。

二〇〇九年にはドイツの「ドレスデン・エルベ渓谷」も削除されました。いずれの場合も世界遺産委員会は、開発を優先する両国政府ときちんと話し合いができず、削除に至ってしまった。今後はこのような問題が起こらないよう、交渉ができる体制を整えることが課題です。

この削除問題自体は、世界遺産の登録抑制の動きとは無関係ですが、一つのターニングポイントとなった面はあるでしょう。以降、イコモスやＩＵＣＮが慎重になったのか、遺産登録の判断が非常に厳しくなっていきました。一回の世界遺産委員会で、各国から推薦された物件が半分ほど否決されるケースも出てきました。これまで非常にスムーズに登録されてきていた日本の物件でも、石見銀山遺跡で記載延期勧告、平泉で記載延期がありました。

誰もが納得できる物件から〝ストーリー〟へ

世界遺産登録の判断が厳しくなったのは、世界遺産の数が増えてきたことも大きいのですが、有名な物件が減り、わかりにくい申請が増えてきたことも大きな原因です。見ただけで誰もが世界遺産だと納得できるような物件が少なくなり、どの国も推薦をするにあたり、固有の理由づけをするようになりました。つまり、その物件の価値や重要性を証明するための〝ストーリー〟づくりです。そして、そのストーリーに合った構成資産を推薦する。強いていえば、物件単体では説得力がないので、脇を固めるといったところです。有名物件は、すでにあらかた世界遺産に登録されているという点で、世界遺産が新たなステージを迎えたといえるでしょう。

推薦物件の審査にかかる時間や労力の問題も、登録の判断が厳しくなった背景にあげられます。世界遺産委員会では新規登録だけでなく、登録済みの物件の保存状態も審査していますが、こちらは増える一方ですので、約一週間の委員会だけでは時間が足りません。新規登録と既登録の審査を年二回に分けて実施する、世界遺産の登録上限を設けるなど、別の仕組みを考えることも必要でしょう。

現実的な問題として、予算の問題もあります。二〇一一年に、ユネスコがパレスチナを正式な「加盟国」として承認しました。これに反対して、二〇一一年、アメリカがユネスコへの分担金を凍結しました。このダメージが非常に大きい。アメリカはユネスコ加盟国の中で最大の分担金を負担している国でしたから、基金が二、三割も減少し、今までとは同じことができなくなっています。少ない基金の中で何を優先すべきか、切実な課題です。

世界遺産を自国のモデルケースに

多い年では新規物件が六一件も登録されていましたが、現在は二〇件程度。そのなかで、初めて遺産を保有する国も増えてきました。これは喜ばしいことです。

近年は、観光客や大規模な開発など、登録後の管理体制も重要視されています。登録に関する諮問機関の要求が厳しくなったことは、登録をめざす国には法整備などの面で、いい契機になるはずです。発展途上国には、保存や保護に関する国内法が不十分なケースが多いですから。

世界遺産には、これまで述べてきたように課題もたくさんあります。けれども、登録活動をする過程で保存や保護に関する国内法の充実化が図られる。それが大事なことではないでしょうか。世界遺産をモデルにして、各国が自国の文化財や自然保護の仕組みを整えていく。人類共通の宝物を守るだけでなく、そのような意味でも、世界遺産には大きな意義があると思います。

表1　ユネスコ世界遺産40年の歩み

1919	◎	史跡名勝天然記念物保存法制定
1929	◎	国宝保存法制定
1933	◎	「重要美術品等ノ保存ニ関スル法律」制定
1945		国際連合設立
1946		国連教育科学文化機関［UNESCO］設立
1948		国際自然保護連合［IUCN]設立
1950	◎	文化財保護法制定
1951	◎	日本、UNESCOに加盟
1954		武力紛争の際の文化財の保護のための条約［ハーグ条約］採択
1956	◎	日本、国連に加盟
1959		文化財保存及び修復の研究のための国際センター［ICCROM]設立 UNESCO執行委員会、ヌビア遺跡救済援助決定
1964		遺跡修復に関するヴェネツィア憲章［ベニス憲章］採択 ヌビア、アブシンベル神殿救済工事開始
1965		国際記念物遺跡会議［ICOMOS］設立
1968	 ◎	UNESCO総会、ボロブドゥール、スコタイ、モヘンジョダロ遺跡救済決定 ヌビア、アブシンベル神殿移築完工式 日本、文化庁設立
1970		UNESCO総会、文化財の不法な輸入、輸出及び所有権譲渡の禁止及び防止の手段に関する条約［文化財不法輸出禁止条約］採択
1971		特に水鳥の生息地として国際的に重要な湿地に関する条約［ラムサール条約］採択 「人間と生物圏（MAB）計画」の概念を導入
1972		UNESCO総会、世界の文化遺産及び自然遺産の保護に関する条約［世界遺産条約］採択
1984		アメリカ、UNESCO脱退（2003年復帰）
1985		イギリス、UNESCO脱退（1997年復帰）
1992	◎	日本、世界遺産条約を批准 生物の多様性に関する条約［生物多様性条約］採択 UNESCO世界遺産センター設置（パリ） 「文化的景観」の概念を導入
1993		アンコール保存事業開始
1994		奈良宣言「Authenticity　Integrity」の概念を提唱 第18回世界遺産委員会（タイ・プーケット）にて「Global Strategy」採択
2001		水中文化遺産保護に関する条約採択
2003		無形文化遺産の保護に関する条約［無形文化遺産条約］採択
2005		文化的表現の多様性の保護及び促進に関する条約［文化多様性条約］採択
2007		アラビアオリックスの保護区（オマーン)、世界遺産リストから削除
2009		ドレスデン・エルベ渓谷（ドイツ)、世界遺産リストから削除
2011		パレスチナ、UNESCO加盟。それに反発したアメリカ、UNESCOの分担金を凍結

◎は日本の動き

2　世界文化遺産とまちづくり

私の専門は都市計画で、日本イコモス国内委員会の委員長も務めています。世界遺産、特に世界文化遺産の評価を行う団体です。イコモスは世界各国に国内委員会があり、日本国内委員会は世界の中でも五指に入るくらいの規模を誇り、約四〇〇人の会員がいます。イコモスは、世界の一〇〇か国くらいに置かれています。また、私は九年間、国際イコモスの理事・副会長として、世界中から申請されてくる文化遺産の審査に携わり、おそらく四〇〇件ほどの審査に関わりました。九年間の任期を終えた後、現在は国内委員会で、おもに国内における世界文化遺産の申請に関してアドバイスを行う立場です。

そんな立場から、世界文化遺産とはどのようなものなのか、まず簡単におさらいしたいと思います。

世界文化遺産の成立と役割

文化財保護

文化財保護については、それぞれの国に法律が存在します。日本の場合、文化財保護法が一九五〇年にできました。世界中で見ると、戦争中に他の国の文化財を攻撃しないというのは重要なルールとしてできあがってきました。戦争時、傷ついた兵士はそれ以上殺戮しない、敵であろうが手当てするというルールは、一九世紀の半ばに国際赤十字によって作られたわけですね。

いわば、その文化財版です。たとえば、お寺が文化財になっているとします。そうしたら、そのお寺は攻撃しない。もしくは、攻撃されないようにお寺には軍隊を駐留させない。そういうルールをお互いに守っていれば、戦争時でも文化財は壊されないで済みます。

国際条約

そういうことを実践すべきだということが一九世紀末に提唱され、国際条約が二つ結ばれています。オランダのハーグで結ばれた一九〇七年のハーグ条約と一九五四年のハーグ条約です。

それぞれエンブレム（紋章）があり、文化財に旗やプレートとして掲示するのです。そうすると、戦争時に自分たちも軍隊の駐留地として使わない、あなた方も攻撃しないでほしいという意思表示になっているわけです。

日本はごく最近、二〇〇七年にようやくこの一九五四年条約を批准しました。なぜ、批准が遅れたのか。駅なども軍事施設の扱いになるのですね。軍事施設と文化財の間に一定の距離を置かなければならないというところがネックとなって批准が遅れたのです。しかし現在は、戦争時、文化財は攻撃の対象にしないということになっているわけです。

ところが、必ずしも守られているとは言い切れないところもあります。湾岸戦争やイラク戦争でも文化財が爆撃されたことが実際に起こっているわけですね。しかし、そういうルールになっています。

1954年ハーグ条約で定められたエンブレム

平和時に機能する世界遺産

では、戦争時でない場合はどうするか。その問題を扱っているのが、世界遺産です。そのきっかけになったプロジェクトが、アブシンベル神殿に関するものです。アブシンベル神殿は、ナイル川の中流域にある神殿。ナイル川に、アスワンハイダムを造ったのですね。最終的にダムの水は上昇し、神殿が水没してしまうことになる。周辺にはアブシンベル神殿にとどまらず、世界規模の遺跡が二五ほどあった。神殿は、岩の中に洞窟のように部屋が張り巡らされていた。アスワンハイダムに水がたまっていくと、この神殿が水没してしまうわけです。

神殿など重要文化財の水没をどうするかという問題が起きました。ダムを造ったのはエジプト政府であり、遺跡もエジプトのものなのだから、自分たちの国の自己責任である、水没を救うのもエジプトのお金でやるべきだという考え方もある。しかし、実際はそうなりませんでした。

これらの遺跡はエジプトにあるが、世界のもの。つまり、エジプト人だけのものではなくて、世界のために必要な遺跡であるという考え方です。世界の人が遺跡を守るための智恵と資金を出し合って守るべきだと、イギリス人、フランス人の考古学者が中心となって主張しました。実際には日本も資金を提供していますが、ユネスコが旗を振って保存計画を作成し、それを実施しました。どうやったのかというと、遺跡部分をすべて切り取って水没しない高台に再建しました。アブシンベル神殿は守られたが、この地域のすべての遺産が守られたわけではありません。しかし、ここまで世界がお金をかけて、遺跡を守ったというユネスコの成功例として有名です。戦争ではな

移設保存されたアブシンベル神殿

移設保存中のアブシンベル神殿

い平時に、世界的な価値がある文化遺産をみんなが力を合わせて守り通したケースなのです。

では、ここだけが守られればいいのかという問題があります。ほかの国で同じように世界的なレベルの文化財があったときに、それらを守ることも必要ではないかという意見もあります。そう言われれば、そのとおりですね。責任をもって世界にアピールして、守っていくべきです。

たとえば、アジアではタイのアユタヤの文化財やインドネシアのボロブドゥールの文化財などが国際キャンペーンによって資金が集められ、保存されました。そういった流れのなかで、貴重な文化遺産は世界の宝であるという考え方が生まれ、それが世界遺産条約に結びついていったのですね。これは文化遺産の話なのであって、自然遺産はまた別の問題となります。

ボスニア・ヘルツェゴビナの例

このように世界遺産とは、観光のためにあるのでも、まちおこしのためにあるのでもありません。世界的価値のある遺産を守るためにあるのです。世界が守るべき遺産を守るために存在します。

その良い例が、旧ユーゴスラビアのボスニア・ヘルツェゴビナ、モスタルにあるスタリ・モストというアーチ橋です。宗教対立の被害者となり、一九九三年に破壊されてしまいました。この橋を挟んで、両側の地域に回教徒とギリシャ正教徒がいました。それまでは一緒に暮らしていたのですが、ベルリンの壁が崩壊するのと時を同じくして、東欧の国々が独立していくのですね。その頃、やはりボスニア・ヘルツェゴビナと

スタリ・モスト（ボスニア・ヘルツェゴビナ）

いう新しい国として独立した。ところが、そのなかで民族対立が起こってくるのです。

中世以来、世界最高の橋梁技術をもっていたのは回教徒でした。その証拠に世界最大のアーチの建造物はイスタンブールにあるハギア・ソフィアというモスク建築なのですね。イスタンブールは地震のあるところですが、地震にも耐えて、七〇〇年間にわたって世界最大のアーチ建造物として現存しているわけですね。

つまり、こうしたアーチの技術は回教徒が得意とするところです。ヨーロッパ人よりもはるかに技術的に優れている。この橋は回教徒にとって民族の誇りでもある。自分たちも技術力の素晴らしさを伝える証しでもあった。ということは、キリスト教徒にとってはあまりうれしくないわけです。そんなわけで、キリスト教徒が破壊してしまいました。本来ならば世界の宝といってもいいような遺産が民族間の対立の犠牲になってしまった。その後、これは再建されて世界遺産になりました。国際的にさまざまな技術者が派遣されて、破壊された石などを再利用して橋が造り直されました。ある意味、この橋は文化の違いによる民族浄化的な活動を乗り超える象徴として世界遺産になりました。

クロアチアの例

よく似た例があります。クロアチアも、旧ユーゴスラビアの地域が独立して成立した国です。ドブロブニクという見事な城壁をもった港町があります。一九七九年という非常に早い段階で、世界遺産になっています。アドリア海の真珠と称され、向かい側がイタリアなのですね。本当に見事な町並みです。

一九九一年、ユーゴスラビアから独立するときにユーゴ軍が艦砲射撃を打ち込みました。メインの目抜き通りはほとんど被害に遭ったのですね。ここには、実はクロアチアの軍隊は駐留していなかったのです。市民しかいなかった。こういうところを戦場にしないということで、クロアチア軍は郊外に展開していたのですが、旧ユーゴスラビア軍は軍隊がいないのに市民が暮らしているところに艦砲射撃を行ったのです。これは許せないことです。これを行った指揮官は、その後、ハーグにある国際司法裁判所で戦争犯罪人として裁かれました。

彼らはなぜそんなことを行ったのでしょうか。ここはギリシャ正教徒の聖地であり、文明の精華というべきまちを消滅させることで、相手国に大きな打撃を与えようとした。本来なら、文化が世界中の人びとを繋げないといけないのに、破壊することに繋がってしまったのです。非常に不幸な時代が、今から二〇年くらい前にあったわけです。こういうことにも世界遺産は非常に大きな役割を果たしました。

この艦砲射撃においては一〇〇人近い市民が亡くなりました。四年後にはだいぶ復旧しましたが、未だ人影は少ないです。一〇年後の二〇〇一年には、かなりもとに戻っています。こういうことが世界遺産の出発点でした。

ドブロブニク（クロアチア）

アフガニスタンの例

クロアチアと似た例を見てみましょう。アフガニスタンのバーミヤンの大仏です。二〇〇一年にタリバーンによって破壊されてしまい、再建するかどうか議論が行われているところです。まだ、決着していません。壊された後の二〇〇三年に世界遺産に登録されました。壊される前に世界遺産になっていれば、ユネスコはタリバーンに対しても何らかの処置をとることができたのかもしれません。

なぜ、世界遺産に登録されなかったかといえば、アフガニスタンが内戦の最中だったので、文化財を保護する仕組みが機能していなかった。登録の申請はなされていましたが、国として守る体制ができていないからという理由で世界遺産に登録されなかったのです。

ユネスコ側からすれば、確かに法律もなく許可できないとしたのは正しい対応だったかもしれませんが、偶像崇拝を理由にタリバーンが破壊を宣告したとき、アフガニスタンでは毎日のように子どもが何十人という単位で死んでいて、人道的な医療支援が必要なのに国際社会は無視していたために、人間の命と文化財のどちらが大切なのか、という論調となってしまったのです。

世界遺産となっていれば、この問題に対し、もっとユネスコは関わることができたでしょう。しかし、世界遺産にしなかったから、声明は出しましたが、積極的な手を打つことができなかった。これが一つの契機となって、アメリカはユネスコに復帰しました。アメリカはユネスコにずっと拠出金を払っていませんでした。しかし、この問題をきっかけに戻ってきたのです。今、ここは危機遺産になっています。

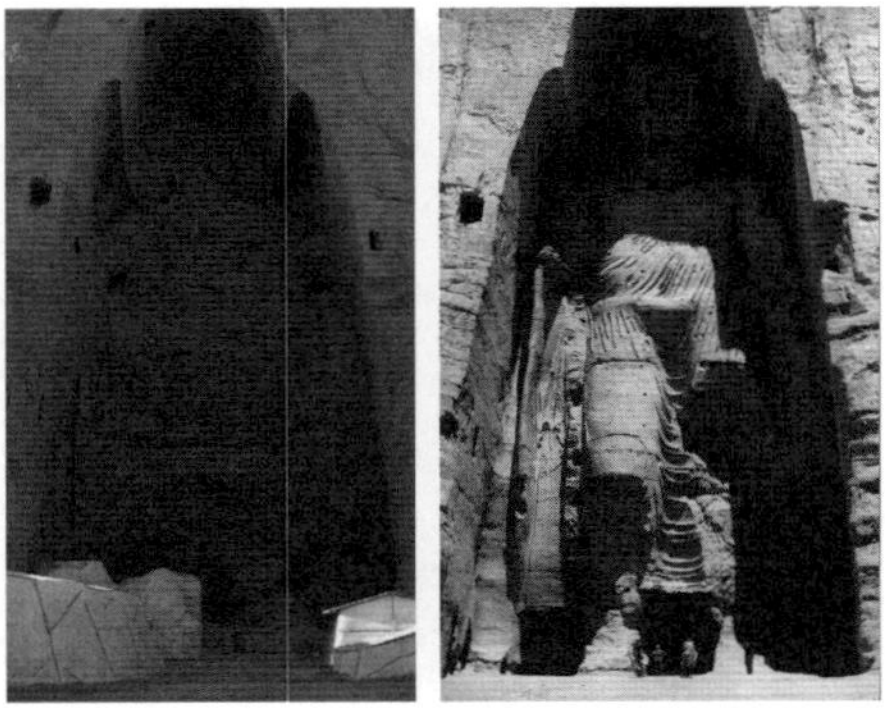

バーミヤンの大仏、破壊前（右、1963年撮影）と破壊後（左）（アフガニスタン）
出典＝ウィキメディアコモンズ

考え方の変化

危機から守るために世界遺産を指定していたのですが、時代は変化します。文化遺産にとって非常に大きな危機は一九九〇年前後の冷戦の終焉、そして昨今のテロ。その間、世界遺産が世界中に広まって指定も増えるとともに、必ずしも危機的でない遺産も増えてきました。ですから、八〇年代から九〇年代にかけて、世界遺産の変質が起こってきた。変質というと悪いことのようですが、必然的な質の変化です。危険なものから守るということから、大事なものにもう一回光を当てる、そして、それぞれの国に存在する固有の文化を相互に認め合うというように考え方が変わってきたのです。

世界遺産のリストは、それぞれの国によって異なるということが大事だとされました。そのリストが世界の文化の広がりを示してくれる。そう考えると、また違う役割がもてる。同時に、地域の活性化にも使われるようになる。このように世界遺産の役割は非常に大きく変わってきた。それは否定しようのないことであり、やむを得ないこと。プラスにとらえて今後に活かしていくことも必要でしょう。

市街地化の波

しかし、どこまでそういったことをコントロールできるでしょうか。有名なピラミッドを空撮写真で見ると、すぐそばまで市街地が迫っていることがわかります。一般に出回っている写真では、周囲は広大な砂漠が広がっているというイメージがありますが、それは市街地側から撮っているからです。

こうしたことをどう考えるべきかという問題が起こるわけです。人が住む場所がどこまでだったらいいのか。市街化のエネルギーと文化遺産のエネルギーの狭間で、微妙なラインが引かれています。せめてピラミッドの背景に住宅が見えないことがギリギリのラインなのでしょう。この現実を否定することはできません。どのようなバランスで、何を成すべきかということがすごく大きな問題となります。このような問題をどう解決するかという時期にさしかかっています。

東西のベルリンを分けていたブランデンブルク門がありましたが、壁はなくなりま

エジプトのピラミッド群にせまる市街地　出典＝ウィキメディアコモンズ、2009年撮影

した。上から見ると、首都のベルリンですから、周りは近代建築です。さまざまな土地において需要とモニュメントとの間にどうバランスをとるべきなのか。それについて議論して、何らかの方向性を決めなければいけません。

次に紫禁城を見てください。空港から北京に入っていくと、沿道にはびっくりするくらいの超高層ビルがたくさんあります。でも都心部に近寄ってみると、紫禁城のすぐそばにはあまり高い建物はない。北京では中心部の高さ規制が厳しい。大都市ですから、全部の建物の高さを規制するのは無理です。では、どこまでならいいのか。何かルールを作って、バランスをとらなければなりません。そういった問題があり、どこまで許容でき、どこから先がだめなのか、どのように合意するか。それは、現代の私たち、特に世界遺産をもった人たちにとっての課題でもあり責任でもあります。

ナイアガラの滝の脇にも高層ホテルが建っています。地権者の合意を得てこうした状況を変えていくには時間がかかります。

タージマハルの裏側に流れている川の向かい側にはショッピングセンターの計画があり、それは結果的に抑えることができました。どこまで開発ができるのか。農地以外のことに土地を使ってはいけないのか、悩ましい問題です。

こういった問題を解決し、どの程度のラインにルールを作れば良いのでしょうか。多少なりとも、周辺に住んでいる人に経済的恩恵があれば、守る気になってくれるのではないか。そうした傾向をどう考えるべきか。こうした難しい問題をわれわれは背負っています。

二〇〇九年に世界遺産に登録された韓国の李氏朝鮮の王墓群があります。立派な王墓が四〇か所ある。しかし、都心近くにある王墓の周りはビルだらけ。韓国人は「周

北京の紫禁城とその周辺　出典＝Reddit

辺のビルの高さは抑えられている」というけれど、すべてが規制されているわけではありません。とはいえ、ソウルの中心部でいったいどこまで高さを抑えられるのか。李氏朝鮮のお墓をすべて世界遺産登録したために、中にはこのように高層ビルに囲まれてしまったものもありますが、ほとんどはよく環境が守られている。だから、全部セットにしてみると、その価値がわかるというものです。この問題をどうするかについて、韓国の人たちも苦労しています。

さて、危機から守るために始まった世界遺産というものが、八〇年代から九〇年代にかけて世界遺産の数が増え、世界の文化の多様性を示すものに変わってきました。できれば地域にとってもプラスになる方が望ましい。そうなったときに、どこまで何をやったらいいのか。それはそれぞれの地域固有の状況によっても違うので、それぞれが考えねばならない難しい問題です。

しかし、これは世界の宝をいかに活かすかという、やりがいのある仕事だともいえます。

日本における世界遺産を核としたまちづくり

広島の都市計画

まず、広島の原爆ドームについて見てみましょう。最初、原爆ドームを世界遺産にしようという発想は国内ではあまりありませんでした。そもそもこの建物が残されることが決まったのも比較的最近のことです。戦争の記憶だから早く忘れ去りたいという意見も多かった。原爆記念公園、原爆資料館を作るという計画の中で、原爆ドームをシンボルとして残そうという案が持ち上がった。九〇年代までは、特に文化財という位置づけはなかったのですね。建物としては立派ではあるものの、原爆が落ちない限りは特に顕著なものではない。原爆が落ちたことが、この建造物を世界的に有名にしたわけですね。

計画ではコアゾーンを設定しましたが、広島の都心に位置するので、いろいろな開発計画がありました。今では広島市民球場も移転して跡地は大きな広場になっていきます。以前は、南側から見たときに、原爆ドームの背景に野球場があったのですね。実際にそれをなくしたわけです。ほかにも移転計画のある建造物がありますが、実現には長期間かかります。それでも、広島市はそれをやろうとしている。今は、元安川に牡蠣船ができ、それも問題になっています。

バッファーゾーンを考えると、「本当にこれでいいのか」という声は頻繁に出てきます。たとえば、京都でもいろいろな開発問題があって、日本イコモス国内委員会は懸念表明をすることもある。しかし、よく見ると、広島市の場合、原爆ドームに隣接する川沿いは全部緑地になっていて散策でき、なおかつ、建物の看板は川沿いにはありません。それは、広島市が「ここを魅力的にしよう」という計画を長い間にわたって立ててきたから。川沿いを公園にして、なおかつ建物の正面を川側に向ける、色やデザインも工夫してくださいというスタンスで、ずっとやってきた効果です。実際に屋外広告物も撤去された。せめて祈りの場である平和記念公園に面する側では屋外広告物を置かないようにしようという呼びかけが奏功した。

こういうことは、よく見ないと気がつきません。何となくすっきりしていると思うけど、そこまで頑張っているとは思いません。つまり、景観を守るということは、何

広島、原爆ドームとその周辺

となく感じがいいけれど、何が変わったのかというくらいにしかとらえられないのですね。だから、本当に地道な努力をずっと続けていく必要があるのです。

川沿いにずっと遊歩道があります。もともと川に住宅がせり出すように並んでいた。それが問題になっていた。こういう川のところには土地代がいりませんから、ずらっと立ち並ぶケースが日本中の至る所にあった。広島では、戦災の後に全部こういうふうにきれいにしたのですね。

水と緑は広島にとって非常に大事だった。広島に原爆が落とされた後、二〇〜三〇年は木が生えないのではないかと言われていたのですね。ところが、原爆の翌年には焼け焦げた木から芽吹いてきた。こんな悲劇の中でも木の生命力はすごいですね。広島市民の緑に対する思いはすごく強い。広島再生の可能性を感じさせてくれる。また、原爆の熱さのなか、川まで逃げてきて亡くなった人がたくさんいるのですね。命の水だったわけです。

だから、再生の緑と命の水は、広島にとって非常に重要。リバーサイドは、そういう環境にすべきだと考え、戦後、一貫して公園化の歩みを進めてきたのです。だから、原爆ドームの周囲もすっきりしている。あそこがごちゃごちゃしていたら、世界遺産にはならなかったかもしれない。世界遺産になる前からの広島の努力、それから世界遺産になってからも、背景を守る努力を続けてきた。そういう努力が感じられます。

広島市内を流れる太田川の支川と遊歩道

高野山のまちづくり

高野山にも同様なことがあるのですね。まさに日本的な風景だと、海外の人に説明すると納得してくれる。那智の滝には鳥居はあるけど、建物はないわけですね。ご神体の滝を拝むだけです。ヨーロッパなら壮麗な教会があり、そこに入っていく。なぜなら、建物が都市の中にありますから。まち自体に祈りの雰囲気はない。そのため巨大な建物を造る。重たい扉があり、中に入るとゴシック建築の雰囲気でステンドグラスがある。上から明かりが降ってきて神々しい。その向こう側に十字架が見える。そのとき初めて宗教的な雰囲気を感じ、祈りの態勢に入る。そのためには、そういう荘厳な建物と暗く高く天に昇るような空間が必要なのです。それが、教会の建築です。

ところが、日本は全然違う。周囲に何もないような自然の中にあるのが普通です。神社の敷地周辺でも、どこが神社なのかわからないような空間がほとんどですね。鳥居をくぐったから神社だとわかるようなことが多い。森みたいなのです。そして、山に向かって歩き、山際で祈る。このような場合、そこにご神体があるといった雰囲気を保つことが重要だと、誰もがわかります。

高野山の門前町には電柱もなく、建物は木造二階でしかも和風しか許可されないという非常に厳しいルールがあります。三階建てもだめ。建物が建てられるところも限られている。高野山の中はほとんどすべてがコントロールされている。これはすごいことです。宿坊のデザインにも制限があります。

高野山の町並み

石見銀山のまちづくり

次に石見銀山を見てみましょう。石見銀山の世界遺産を構成する資産群は非常に複雑な構造で、銀が採れる山があり、大森という地区には奉行らがいました。周囲には銀山を守るための山城があるのですね。そして、精錬を行い、銀を運んでいく街道がある。街道は港に通じ、港から船が出る。銀を採り出し、精錬を行い、運搬するという一連の流れの施設がセットで世界遺産になっています。

港は中世の時代にできたもので、外から入りにくい。銀を扱っているため外敵がアクセスしにくいところを意図的に港にしたのです。また、全体として何もないような緑の中に、銀を運んだ街道が造られた。鉱山全体は柵で覆われ、普通の人が入れないようになっていました。

なかで大森という集落があります。集落は人口が五〇〇人程度しかいない小規模なもの。しかし、記録によると、誇張もあるかもしれませんが、もともとはこの山には二〇万人くらいの人がいたといいます。小さな集落なので、かつて人がいたところも森に戻っているのですね。もう中世以前の姿となっている。そして、かつて電柱があったところも、今は整備が進み、電柱がなくなっています。

また、銀を素掘りした洞窟が残っています。鉱脈を手掘りした跡があり、間歩《まぶ》と呼ばれています。ただ、よく理解しないと、価値が見えてきません。普通の山に見えたところでも発掘すると精錬所の跡が見つかったところもあります。明治になってから造られた精錬所も発見されました。明治のものですら、木が生えて自然に戻りつつあります。そういった歴史を知ったうえで見ないと、なかなか価値がわからないのです。

最近の世界遺産は、どのような価値や歴史があるのか説明しないと価値を認識できないものが多い。石見銀山なら鉱山の歴史や果たした役割がわからないと、ただ見てもなかなか理解できません。見る側が知っていないと、よくわからないのです。

かつて、たとえば江戸時代に集落があったところも、現在ではほぼ森に戻ってしまったところもあります。以前の港も自然の岸のようになり、知っていないと港だったとは気づきませんね。

石見銀山、大森の町並み（2005年撮影）［付記＝現在では電柱の撤去が完了し、さらにすっきりとした街並みとなっている］

すごく面白いのは、雰囲気の良いおしゃれなお店があること。外から見ると想像もつきませんが、年間一〇万人を超える人が訪れるといわれているお店があります。「群言堂」といいます。ちょっと驚きですね。近くには、大きな街はありません。いちばん大きな都市は広島市で、車で二時間かかります。車で二時間かかるところにこれだけの店があって、年間一〇万人以上訪問する。つまり、自分たちでビジネスを生み出したのです。ここは楽しい田舎暮らしの中で母親が娘に着せたくなるようなコットンの手づくりの服というコンセプトから生まれたお店です。実は、日本中にお店を展開しています。

五〇〇人しかいない小さなところでも、これほど素晴らしい魅力的な空間ができて、たくさん集客できるということが起きているのです。このお店はこの地で起業し、最初はなかなかうまくいかない時期もあったようですが、非常に明確なコンセプトによって手仕事での服づくりに取り組み、現在はいろいろと扱うアイテムを広げていって全国展開をしています。

田舎町なので空き家・空き部屋がたくさんあるのですね。こうした空きスペースを使い、従業員がいろいろなインスタレーションを実践している。たくさんの空きスペースをうまく使っていこうという考えから、おばあちゃんたちに手作業でアップリケを作ってもらい、自分たちの洋服の中にワンポイントで入れる取組みもある。今までお荷物だと思っていたものを逆転の発想でまちづくりに活かそうと、すごく熱心に取り組んでいる。それも、こういうところだからこそできるのです。

世界遺産登録運動を始めるとき、「ここを世界遺産にしてどうするのだ」という議論がありました。たとえばすでにたくさんの顧客を抱えているような店では、まったく知らないいちげんのお客さんばかりがたくさん訪れて混乱しそうだという考え方だったのでしょうね。

一方、名前が広く知られるようになった方が良いという考え方の人ももちろん多かったのです。

こうしたいろいろな意見の人を集めて、もう一度まちを見直そうということになりました。一年間かけて七〇回以上会議を行っています。まちがいくつかの区域に分かれてガイドツアーも実施、銀を運んだ街道も歩きました。そういったことを実践し意見を持ち寄って議論しています。たとえば、新施設を造るとしたら、どのような施設が必要なのかなどについても議論しているのです。それぞれのチームが考えを共有し、みんなで意見交換を行った。本当に皆さん頑張りましたね。小さい集落なので、団結力も強いのですね。

そうして『石見銀山行動計画』を策定しました。これはパンフレット版もあり、また、今でもインターネット上で見ることができます。これからやるべきことが書かれていました。そこには、「守る」「伝える」「究める」「活かす」と題し、具体的なことが細かく書き込まれています。「守る」は石見銀山ルールです。「伝える」では、ブランドイメージの確立を訴えた。「究める」は、調査研究の重要性について。「活かす」は、魅力スポットの発掘や観光宣伝、空き家データベースづくりなど。小さな集落でもあり、突然、空き家が発生することもある。そういうところが新たな家主に借りられてしまうと、急に予期せぬお店が次々とできてしまう。地元の人が知らないうちにそういうことが起きてしまうのです。

ここは伝統的建造物群保存地区（伝建地区）なので、建物をいじるときは許可が必

『石見銀山行動計画』パンフレット版表紙（石見銀山協働会議、2006年）

『石見銀山行動計画』ダイジェスト版表紙（石見銀山協働会議、2006年）

要ですが、商品を置いてお店にするのには許可はいらないのですね。そうすると、ある日、突然、何かのお店ができてしまう。飲食だったら、保健所の許可が必要ということはあります。でも、銀製品のお店ができてもチェックしようがありません。

本当にそういうことでいいのかと考えて、空き家のデータベースを作ろうということになりました。空き家が発生しそうなときには、集落に知らせてもらう仕組みを提案しています。

また、「招く」としてガイドの設置にも力を入れています。普通のガイドだけではなく、トレッキングができるガイドも必要だとしました。

そのほか、子どもたちでも何かができないかという考えもありました。小学校六年生の三月ともなれば、もうあまり授業はありません。進学を待つばかりで、カリキュラムは終わっています。山は枯れていて、毒蛇も出てこない。そういう時期に遺跡をきれいにするため草刈りを行うことをやってくれています。もちろん、大人たちも別のところの草刈りをやっています。

こういうことをやっていこうと決めて、いろいろな取組みを始めたことによって、まちの宝がだんだん磨かれていきます。そういうことが現実に起きているのです。

ところが、世界遺産登録の直後は人がたくさん訪れて混乱しました。バスの待ち時間が一時間になるということもありました。今はこのバスをやめて、徒歩を奨励しています。

案内図はかなりおしゃれなものを作りました。駐車場は遺跡の近くに造ろうという議論もありましたが、近過ぎるというので二キロメートルほど離れた現在地に計画変更しています。駐車場から世界遺産センターまでシャトルバスで行くが、その後は自由に歩いてくださいというスタンスとしました。

実はシャトルバスを降りてから坑道の入り口まで四〇分くらいかかります。以前は、ここからバスが出ていたけれどやめてしまったのです。なぜやめてしまったのか。バスの騒音問題などもありましたが、大きな理由としては、もともと歩く場所だから、ゆっくりと歩けるような魅力的なまちにしたいという考え。このようにまちを楽しみたいと思う人が訪れてくれればいいと考えたのです。パッと来て、パッと帰る人はいい。はっきりとそういう路線を打ち出しました。何しろ、遺跡から離れたところに駐車場の設置を決断すること自体がそういう考えを物語っています。もっと便利なところに造ることも可能でした。

今はお客さんの数はピーク時と比べると減っています。しかし、一人ひとりの滞在時間はすごく長くなっていますし、訪れた人の満足度もすごく上がっているのですね。そもそも、温泉街などと異なり、小さな鉱山町でお客さまを迎えることにも慣れていない。このように、長く滞在したい人を迎え入れようと取り組んできたのです。

平泉の文化的景観

平泉でも同じようなことに取り組んできました。平泉の一角に無量光院跡がありま す。下の風景を見ると、普通の田舎です。もともと聖なる山があって、お寺があり、政庁がありました。このように信仰の軸に沿って並んでいたのです。今は全部なくなってしまっています。でもよく見ると、祭壇や中之島、池、聖なる山（金鶏山）の面影があります。そう思って改めて見ると、信仰の軸があって、金鶏山が聖なる山だったことがわかるわけです。しかし、そういったことを知らずに見ると、普通の田舎の

平泉の無量光院跡［付記＝のち、手前の田んぼ周辺は公有化されこの風景は失われた］

風景です。

でも、よく考えてください。昔、お寺があったところで条件の良い土地なので家を建てようと思えばいくらでも建てられたはずなのに、誰も建てていないのですよ。お寺があったという伝承が一三世紀からずっと伝わっていて、今でも言われています。だから、このように残っている。中之島だったところには木が生えていますが、この木は周辺の田んぼにとってはマイナスなわけですよね。ないほうがいいに決まっているのです。でもやはり伝承があったせいで、中之島が残されてきました。

だから単なる農村風景だけれども、お寺がなくなった後、七〇〇年以上にわたって、いろいろな人が守ってきた歴史があります。そう考えると、大きな価値がある。最近では文化的景観と呼んでいます。明快な文化的景観です。

私も平泉に関わっていましたが、最初、金鶏山は世界遺産の構成資産に入っていませんでした。誰も重要なことに気がつかなかった。しかし、発掘調査などによって経塚なども見つかり重要性がわかり、また、信仰の軸という考え方もしだいに明らかになってきました。三代にわたって、山とその麓にあるお寺を中心に都市をつくってきたのです。

都市のつくり方というのは、平泉よりも前の時代は中国の影響で都城は方形なのですね。しかし、平泉の場合、都市をつくるときの軸は、お寺、そして西方浄土。つまり、浄土のお庭があって信仰がある。東北ではさまざまな争いがあったけれど、敵も味方もここで供養されて救われるという思想ですね。それが藤原氏の思想なのです。それが都市のかたちになっている。そこにこそ平泉の風景の価値がある。このことは世界遺産委員会にも訴えましたが、住民も忘れていたこと。本当は非常に重要なことなのです。それが調査の過程でわかってきたのです。

こういう点を重視したまちづくりを行っていくのは、世界遺産でなくてもやれるわけです。地域がもっている価値を突き詰めていけば見えてきます。お寺を再興しようといっても無理ですが、現代にそれを尊重するあり方を考えれば、答えは見えてくる。それが、今のまちづくりなのです。文化遺産というものの意味をよく理解して、次に繋げていく。世界遺産だけでなくいろいろな文化遺産に通じることですが、世界遺産がいちばん理解を得やすい。だから、世界遺産をモデルケースとして取り組みたいと考えています。

日本中に意味のある文化遺産は無数にあります。そういうところに広がっていけば、日本中の風景がさらに素晴らしいものになる。新たに建てる施設も文脈に沿ったものとなるでしょう。それが今の時代の文化遺産の活かし方ではないかと思います。

ご静聴ありがとうございました。

3　自治体は観光をどう受け止めるべきか

先ほど、公益財団法人後藤・安田記念東京都市研究所の新藤宗幸理事長のご挨拶のなかで、「この公開講座で観光の問題を取り上げるのは初めてだ」というお話がありました。おそらくそれは、自治体が観光に対してどう向き合えばいいのかということに関して、なかなか統一したスタンスが見出しにくかったということではないか。少なくとも一五年ぐらい前まではそうだったと思うのですが、このところの大きな変化によって状況は変わってきたということが、この公開講座に繋がっているのではないかと思います。そのあたりについて少し考えてみたいと思います。

転回点は二〇〇二年

これは二〇一五年一二月に浅草で撮ったものです（写真1）。平日の午前中なのですが、たいへんな賑わいです。まっすぐ歩けないぐらいで、二〇年ぐらい前までとは、まったく様相が変わっています。こういうことは日本中で起きてきています。残念ながら、すべてのところが同じように賑わっているわけではないのですが、少なくともこういう状況に向かいつつあるわけです。

これは長崎県対馬市の厳原《いづはら》という、本当に小さな港町です（写真2）。日本の中で考えると辺境なのですが、この山の中には、ハングルで「国有林からのお願い」が書かれています。なぜかと言うと、実は今韓国から日帰りで、たくさんの方がトレッキ

写真1　浅草、2015年12月7日（月）午前11時

ングに来られているんです。船がありますから、日帰りできるわけです。これほど原生林が厚く、なおかつアップダウンがあり、都市からわりと近いところで見事なトレッキングができるところは、韓国にはないんだそうです。ですから、この景色は韓国の人たちにとっては、たいへん魅力的な景色になるわけです。こうしたトレッキングコースを韓国では「オルレ」と呼んでいます。

しかし、つい最近まで、地元の人も含めて、このような地形が、海外の人にこれだけ魅力的に映るということを考えた人はいなかったのではないかと思います。そういう意味では、新しい目をもって、自分たちのまちをもう一回見直すということに、今われわれは直面しているというか、そういうことを考えないといけない時代に入ってきたのではないかと思います。

このところの歴史を少し振り返ってみますと、転回点は二〇〇二年なんですね。これほどはっきり転回点がわかる施策もないと思うのですが、二〇〇一年に首相に就任した小泉純一郎氏は二〇〇二年の通常国会の施政方針演説の中で、歴代の総理大臣としては初めて観光の問題に触れました。この年、開催予定の日韓共催のサッカー・ワールドカップに観光の可能性を垣間見たのでしょう。そこから大きく政策が展開し始めるわけです。

二〇〇二〜二〇〇五年に、「観光カリスマ」一〇〇人の選定が行われました。「観光カリスマ」として個人を選ぶということで、これも今までの観光施策ではなかなかないわけです。行政の観光施策は、運輸省が所轄していたということもあり、観光客を誘致することが主力だったわけですが、まったく違うアプローチが始まります。

そして二〇〇三年に、「観光立国行動計画」が作られます。これに法的な根拠を与

写真2　対馬市厳原

えるために、二〇〇六年に「観光立国推進基本法」ができて、その法律の下の基本計画というかたちに、この行動計画が衣がえされるのが二〇〇七年です。また、「ビジット・ジャパン・キャンペーン」は二〇〇四年から始まりました。

これまで日本は、基本的には工業国なので、海外の人にわざわざ日本に来てもらうということはあまり考えていなかったわけです。この観光立国行動計画ができた年は、日本から海外に行く人は一六五二万人いたのですが、海外から日本に来る人は五二一万人しかいませんでした。ですから、当時の日本の観光地の課題は、ほかの国の観光地と競争していかに国内旅行をプロモートするかということでした。グアムやハワイなどと比べて日本の観光地はコストが高いので、なかなか競争力がないということが、メインの話題だったわけです。

現在は、日本から海外に行く人の数はそれほど変わっておりませんが、二〇一五年、海外から日本に来た人の数は一九〇〇万人を超えたと報道されておりますので、二〇一六年のうちに二〇〇〇万人を超えるのは確実です。二〇〇三年に観光立国行動計画が立てられたときには、「二〇二〇年までに二〇〇〇万人」と言っていたのですが、それがすでに今年実現するのは確実です。二〇二〇年の目標値は二〇一六年に、四〇〇〇万人に改められました。

また、ビザの緩和についても、日本は非常に慎重だったわけですが、まずは韓国、中国からの修学旅行生から緩和され、東南アジアに広がっていき、なおかつ数次ビザまで発行されるようになりました。こうした速い速度でのビザの緩和が、二〇〇四年から始まっているわけです。

そして、二〇〇八年には観光庁が設置されました。

先ほど、二〇〇二年の小泉首相の施政方針演説で、初めて観光の問題が取り上げられたと言いましたが、小泉首相は施政方針演説を二〇〇六年まで計五回やっていて、五回とも観光の問題を取り上げているんですね。二〇〇二年から確実に国の施策が転換してきているということは、非常にはっきり見えるわけです。

観光の経済効果と、新たなステージ

その理由としては、観光のもたらす経済効果があります。

マドリードに本部があるＷＴＯ（World Tourism Organization）が一九九五年段階で、将来の観光の伸びを予測しています。当時は国際観光客到着数が五億六〇〇〇万人、観光収入が四〇〇〇億ドルということですが、二〇二〇年にはそれぞれ一六億人、二兆ドルに達すると、すでに一九九五年段階で予測されていたわけです。その大半はアジアからの観光客で、メインはご承知のとおり中国です。ですから、予測は当然できていたわけですけれども、日本の中でこれをどう受け止めて、そしてまた実際の施策としてどう考えるかについて、ようやく議論を始めたのが二〇〇一年だったということです。

また二〇〇一年当時、観光は産業としても非常に有望であろうということが言われ始めていました。当時、国内の観光産業市場は――時期によって変動しますけれども――二三・五兆円、直接雇用が二一五万人、ＧＤＰにおける割合も六パーセント程度で、重要な産業であると言われていたわけです。

そして、訪日外国人の旅行消費額も、大きな経済効果をもたらします。このところ急速に伸びていて、二〇一五年は推定三・五兆円と言われています。これは前年から一兆円ほど伸びており、驚異的な伸びを示しているわけですが、たとえばそれを、定住人口一人の年間消費額二四〇万円で割りますと、一四五・八万人分にあたります。一四五・八万人分の消費を、日本国内で海外の人たちがしてくれているということですね。この人たちには社会保障は必要ありませんので、その意味では、純粋に経済的な効果を期待できるという意味でも、観光は政策的にも非常に重要だと言われるようになったわけです。

ただ、忘れてはいけないのは、実は訪日外国人の旅行消費額よりも、日本人の国内宿泊旅行者の消費額の方が、一五兆円余とはるかに大きいことですが、いずれにしても訪日外国人の伸びは非常に急速だといえるわけです。

したがって、観光は、行政の施策としては明らかに新しい段階に入ってきたといえます。先ほど言いましたように、右肩上がりのインバウンドが経済的な効果をもたらしていることに対する大きな期待があります。それまではどちらかというと、観光は観光産業の問題なので、公は少し距離を置いて地域全体のプロモーションを頑張るから、ビジネスはビジネスの人たちで頑張ってください、というスタンスが多かったわけです。そうではなく、全体が一体となるべきで、観光は日本の経済を支える一つのエンジンなのだというように、認識が変化してきました。

すべての指標が右肩下がりになっている現代において、これだけ右肩上がりに急速に数値が伸びているものはあまりないので、日本全体の希望の星のように言われるようになってきたのです。

加えて、二〇二〇年の東京オリンピック・パラリンピックが決まり、これをめざして海外の人がまたさらに増える、日本の中でいろいろなことが動き始めるということも、やはり観光に対して、一つの非常に大きな力になっているといえます。

また、和食が無形文化遺産になったということもありまして、観光が一つの新しい地場産業にもなっています。これはその場所に行かないと楽しめませんし、日本に来るインバウンドのお客さんの最大の目的は、皆さんご承知のとおり、日本食を食べることなんですね。八〇パーセント以上の人が、日本食を食べることを目的の一つとして日本に来られています。

それまでの、少なくとも一五年前までのわれわれの感覚ですと、観光というのは、行きたい観光資源があってその場に行くということだったのですが、そうではなく、具体的なアクション、たとえば食事をするということが主目的になるような観光に変化しています。それはその場でしか味わえませんので、輸出することはできない。ですから、来てもらわなければいけないということで、非常に大きな意味をもってきます。

こうして、観光は新しい段階に入ったわけですが、観光の経済的な意味に日本人が気づいたということと同時に、観光そのものの中身も変わりつつあります。先ほども申し上げましたように、日本食を食べるために、わざわざ日本に来るという人たちが圧倒的多数であるわけです。その意味でいうと、観光資源巡りのような従来型の観光のイメージから、異文化体験・異日常体験というような、アクション・オリエンテッドで「誰と、何をするか」ということが非常に重要な旅のあり方へと、観光の質が変わってきつつあります。

それは同時に、今まで日本人はごく当たり前だと思っていたものが、「外の目」から見ると、実は非常に重要な資源であるということに気がつくということでもあるわけです。

先ほどの対馬の厳原の景色は、対馬の人にとっては当たり前で、むしろ非常に離れた辺境の地であるという、マイナスのイメージが強かったかもしれません。けれども、釜山から船で来ることができて非常に近いこと、そしてそこに違った植生、違った地形の土地があるということ自体が、観光資源になり得るんだという意味で、自分たちの身の回りを見る目が変わってきつつあるのではないかと思います。

そうしたことを踏まえて、観光をそれぞれの観光事業者のビジネスの集合体と考えるのではなく、地域全体がどういう魅力をもっているのかを総体として考え、それをうまくコーディネートしていくことを考えないと、なかなか地域間競争に勝てないということになってくるわけです。その意味では、観光というものを、まちづくりの一環として考えることが必要になってきます。

また、もともと観光でいちばん重要な情報は口コミだと言われていたのですが、最近のネット環境の充実の中で、SNSなどで口コミを組織的に動かすことができるようになってきました。ネット環境そのものも、新しい観光のあり方に非常に大きく寄与しています。

今までは、広く不特定多数の人にある情報を伝えるためにはマスコミに頼らざるを得ない、もしくは東京のメディアに頼らざるを得なかったわけですが、個人がいろいろな工夫をして情報を発信することができるようになりました。このことも観光のあり方を非常に大きく変えてきているのではないかと思います。

言い換えると、まちの総合戦略そのものに、観光というものが取り入れられるようになってきたともいえます。観光という目でまちの総合戦略を見直してみると、「自分たちのまちの強みは何か」「将来こういうことをやるべきだ」「こういうことをやってはいけない」といったことが、比較的、明確な戦略として見えるようになってくるのではないか。それは、今までの観光の既成概念を、また新たに変革していくことに繫がっていくのではないかと思います。

これは高山祭を撮ったものです（写真3）。高山祭というと、曳山が賑やかに出ていくところがよく報道されますが、神事ですので、このようにまず神様がまちへ降りて来られるんですね。神輿に納まっていただいて、まちの中に繰り出すところからお祭りが始まるわけで、一つの見事な物語があります。まちに訪れる神事ということで、これはまさに異文化体験であり、地元の人たちが、来訪者にこれをきちんと伝えることによって、自分たち自身も祭りというものをより深く知ることができます。これは、各地のさまざまな伝統的行事にいえることであって、自分たち自身が深く学ぶ、深く理解するということが、より正しく周りに伝えるということに繫がっていくのではないかと思います。

写真3　高山祭

観光には問題も……

では、いいことばかりか、観光ですべてがバラ色かというと、問題もたくさんあります。

ひとつは、これはバブルの再来ではないか、ということです。実はバブルのときに、銀行はさまざまな温泉街やホテルに非常に大きな投資をして、ホテルをたくさん建てました。それはホテルの経営者にとっては節税対策でもあったわけですが、そういうホテルを団体で利用するようなかたちの旅行が大きく減ってしまったので、その後、大きな投資をしたホテルや旅館などが非常に苦労をしました。今も苦労しています。私たちはそういう苦い経験をもっているのですが、今の観光客の数だけを見ていると、同じようなバブル的な投資をもう一回やりかねません。ですから、バブルの再来ではないか、という懸念があるのです。

また、観光にうまく乗るということは、安易な地域再生策になるのではないか、という問題もあります。今努力していることを横に置いておいて、観光ですぐにお金儲けができて、地域を再生できるというのは、少し安易ではないかとも思われるわけです。単純な現状肯定に陥らないか、という問題もあります。今たくさんお客さんが来てくれて、現状が良いからといって、改善の努力をしなくても、現状をうまくプロモートして伝えていけば、それで地域の問題は解決するのではないかと考えるのは、問題があるのではないのでしょうか。

それからもっと根本的なことですが、観光というのは、旅行者側から見ると、どこかとどこかを比べてどちらを選ぶかという話なので、ある意味「商品」として見られるわけです。しかし、都市というのは商品でしょうか。都市には人が住んでいて、さまざまな活動があり、ビジターに選ばれるためだけにあるわけではありません。観光の事業者は「旅行商品」という言い方をしますが、そういう括り方でまちを見るだけで本当にいいのか、というような問題もあります。

それから、もうひとつ深刻な問題として、短期的収益と中長期的収益とが矛盾するということも起きかねません。先ほどの、大きな投資をしてホテルの客室数を増やしたというのがまさにそうです。観光の場合、入込客数や収益という数字が、ほぼ毎日、毎月、毎年出るなかで、事業者はビジネスをしていかなければいけないので、常に短期的な収益のチェックを求められます。三年間ずっと赤字なのに、「これは将来、地域にとっていいかもしれないから」と言って、赤字のまま事業を続けることはなかなか難しい。

ところが、まちからすると、まち全体の収益と言いますか、効用というのは、長期にわたって徐々に高まっていかなければいけないわけで、短期で右往左往するのは危険なことでもあります。行政としては、中長期でまちづくりを考えるということと、しかしそれが一つひとつのビジネスの集合体であることを考えると、一つひとつは非常に短期的な収益の中で大きく動いてしまうということを、いかにバランスするかという問題があります。

こうしたなかで、やはりもう一回、地域の真の問題を考えなければいけないわけですが、これだけ観光が、特にインバウンドが元気になってくると、真の問題が見えなくなってしまうのではないかという恐れもあると思います。

いくつかそういう例があります。これは中国の雲南省の麗江という、世界遺産になっているまちです（写真４）。中国は国際観光客も増えているのですが、国内観光客も増えておりまして、麗江などのような国際的な観光地の場合は、ほぼ毎年二〜三割、観光客が増えているんです。これはたいへんなことです。

その結果、どういうことが起きているか。都心部に住んでいた人びとはナシ族という少数民族で、もともと農民なのですが、建物を漢民族の人に貸してしまって、自分たちは郊外に住んで農業を平和に営んでいます。そして、漢民族の人たちが借りた建

写真４　中国・麗江

物は、レストランやディスコ、クラブなどになっているんです。都心部では建具がすべて外されていて、中は広いスペースになっており、特に夜になると、ダンスを踊ったり、大きな音楽を流したりする。そういうところが増えています。

この問題はユネスコにも取り上げられていて、危機遺産になるのではないかと、何度も警告を受けています。こういうことも起きかねないわけです。短期的な収益と長期的な収益というのが矛盾してしまうということが、やはり現実にあるわけです。

これは、富山県の砺波《となみ》平野の非常に美しい散居村集落です（写真5）。本当に美しいですし、ぜひとも守っていただきたいのですが、しかし、今の仕組みでは、ここを守ったとしても、住んでいる人たちにとってどういう便益があるのか、非常にわかりにくいわけです。住んでいる人たちにとっては普通の農村集落であって、「守ってほしい」「いろいろなものをここに建てないでほしい」と言われても、それは規制にしか映りません。それを超えて、お互いにウィン・ウィンでやれるような仕組みとしてはどういうものがあるか、私たちは考えなければいけないと思います。私は、そうした仕組みはなくはないのではないかと考えているのですが、それは後でお話ししたいと思います。

さらに、観光の問題を難しくしているのは、ステークホルダーが非常に多様だということです。宿泊事業者だけでなく、さまざまな人が関わっているわけです。そして、その人たちの間で連携するきっかけがなかなかない。私もまちづくりに関わっていると、それを実感します。たとえば、タクシー事業者は観光の最前線でもあるのですが、タクシー事業者と宿泊事業者がどういう接点をもてるか、共にまちの将来を考えるときにどういうテーブルがあり得るのかと考えると、それは非常に難しいのです。

写真5　富山県・砺波平野
出典＝富山県資料

もうひとつ、観光事業者は日々仕事が忙しいので、意外と地域のことを知らないということもあるんですね。自分のまちのことは知っていても、隣りのまちのことや広い地域のことはなかなか知らない。ステークホルダーのプラットフォームをいかに作っていくかということも、重要な課題としてあります。

また、日々事業が動いていきますので、あるところでストップして大きく変革をするということは非常に難しい、というこの世界の特徴があります。

それから、行政の関わり方についても、公として関われる部分には限界があります。創造的な地域の総合戦略というものが必要になってくるわけで、行政は、地域が魅力あるものになり、それが結果として観光に結びつくような戦略をとらなければいけません。ある観光のターゲットに対して何か施策をとるだけでは、問題を部分的には解決できても、なかなか全体は解決できないのではないかと感じるわけです。

観光における自治体の役割

では、こうしたなかで自治体はどのような役割を担うことができるのでしょうか。

まず、従来の観光行政の問題点は、先ほど申し上げましたように、少なくとも二〇〇二年以前は、公による観光へのサポートとしては地域のプロモーションが中心になっていました。しかし、もっと総合的な地域のまちづくりのためには、ステークホルダーの方々が連携して、全体としてネットワーキングができるようなプラットフォームが必要になってくるだろうと思います。これは市のレベル、県のレベル、それぞれに必要でしょう。

そうしたなかで、さまざまなルールを作っていくのです。大半の場合、規制を強化するわけですが、たとえば民泊のような、さまざまな古い建物をなかなか有効利用できない現状に関して規制緩和を行うなど、行政にしかできないことがあると思います。ハードなインフラもソフトなインフラも、全体としてインフラを整備するのは行政の役割でしょう。全体をコーディネートしていくような地域コーディネーターとして、行政は動けると思います。ビジネスでは、なかなか収益が見込まれないけれども、しかし地域にとって非常に重要なもの——たとえば公共交通の維持など——に関しては、行政がやれる部門というのは明らかにあると思います。

自治体の役割についてもう少し掘り下げますと、観光は、ほかの行政課題と少し違うところがあって、ゼロサムではなく、結果として双方にプラスに働く部分がありまず。つまり、ある自治体で努力をしていることが、ほかの地域のマイナスには必ずしもならないということです。

たとえば、あるまちが大きなホールを造ると、隣りのまちは、同じようなものを造っても二重投資になるというようなことがあるわけですが、観光は一か所では完結しないので、いろいろな人がいろいろなところに行くことによって、一＋一が二以上になり得るわけです。地域全体として盛り上がることになるので、ゼロサムゲームではないんですね。地域連携の中で、ゼロサムゲームを超えてやれるという意味では、ほかの行政課題とは若干違うところがあります。

そして、先ほどから申し上げているように、新しい目で、外からの目で、地域資源をさらに掘り起こしていくことによって、今まで以上に地域の魅力を活かすことができるのではないかと思います。

そういう意味では、観光という産業は、もうそこに行くしかない産業なので、究極的な地場産業ともいえるわけです。かなりの部分は、ライフスタイルを表しているような産業でもあります。地場産業、ライフスタイル産業として観光をとらえていくことによって、短期的収益だけを見ているのではない、観光ビジネスと公共との関係ができるのではないかと思います。

さらに言えば、観光は地域の文化政策ともなり得ます。先ほど写真をお見せしましたが、高山祭をきちんと伝えるということは、まさに文化政策でもあるわけです。文化政策がそのまま観光政策になり得るような施策を作っていく必要があるのではないでしょうか。

そのためには、地域を総体的にマネジメントしていくことが必要で、観光部局だけが努力すればいいというものではありません。広島の元安川の沿道も、河川、道路、建築、景観、文化財など、各部門が全体として環境をよくしていこうとやっているわけですから、それを総体的にマネジメントしていくことが必要です。そこでは、地域の個性や地域のイメージが光を放っていく。そういうマネジメントが、行政の観光に対する役割ではないかと思います。

これは金沢の三つの茶屋街のうち、にしの茶屋街です（写真6）。今でも生きた茶屋街で、いろいろな新しいビジネスが入ってきています。食事をする店もあれば、チョコレート屋さんもある。地域の個性として、こういうところが守られているのであって、観光はその結果でもあるわけです。

もうひとつの茶屋街は、主計町《かずえまち》と言いますが、ここには非常に魅力的な階段と街灯があります（写真7）。この景色は、何も観光のためにやっているわけではないと思

写真6　金沢・にしの茶屋街

写真7　金沢・主計町への坂道

うんです。地域の総合的な施策として、地域の魅力をそれぞれ光らせていくようなことを少しずつ積み重ねていった成果です。それがこのように見事な階段になって、この先に花街があるのですけれども、非常に効果的な動線にもなっているわけです。明らかに、この地域のマネジメントの成果が観光に現れているといえるのではないかと思います。

残る課題——どこへ向かうべきか

しかし、それでも残る課題はないわけではありません。今はインバウンドが非常に伸びていますけれども、このままいきますと、数字だけが目標になってしまうような気がするので、これをいかに数ではなくて質の向上に結びつけるかという問題は残されているでしょう。

また、インバウンドと言ってもひとくくりにはできず、これから急速にクオリティが上がっていくはずなので、そこに対応していかなければいけません。かつてのバブルのときのように、あるときに一斉に団体客向けの宿泊施設を整備する、ということをやってしまってはいけない。

もうひとつは、そうは言っても日本人の国内旅行者の方がボリュームとしてははるかに多いので、ローカルな観光との関係をいかにうまくやっていくか、きちんともう一回考える必要があるでしょう。

それから、観光というものを経済問題で語ることは、とても説得力をもっているのですが、それを超えた地域の問題として語っていくような語り口を、常に念頭に置いておかなければいけません。経済問題としてのみ語っていては、経済が悪くなったときに、もう可能性がないような言い方をされてしまいますので、異なった、より広いスタンスをもっておく必要があるだろうと思います。

かつ、すでに触れておりますように、短期的成果と長期的成果のバランスをとるのは非常に難しいので、なかなか解決はできませんけれども、これは今後ともやっていかなければいけません。

観光の問題としては、観光に直接携わっていない人たちには、なかなかメリットが目に見えるかたちで実感できないということも言われています。渋滞が起きて、ごみが出て、観光事業者だけが儲かって、自分たちは被害を受けている、と。それをうまく解決するような新しい仕組みが求められます。みんなが経済的にシェアできたり、地域のブランド化にも繋がったりすることが必要でしょう。そのためにも、地域間のコーディネーションも大切だろうと思います。

これからどこに向かうべきか。やはり官がやるべきことと、民がやるべきこととをうまく分けていく必要があるでしょう。その距離感というのは地域によって違ってきます。観光地としての度合い、歴史の深さは地域によって違うので、答えは一つではないんです。伝統的な観光地である場合には、既成の枠組みを壊したり、既得権益を整理するために行政もコミットすることが必要になってくるわけです。

王道はやはり、地域の個性を地道に磨き上げることでしょう。個性とは何か。――突き詰めると、地域の生活そのものが、尽きない資源であろうと思うんです。しかし、そのことを実感するためには、外から地域を見る目が、非常に重要になってくるわけです。繰り返しになりますが、観光というのは自治体の総合戦略の果実であって、それを

写真８　岩手県一関市・骨寺村荘園遺跡

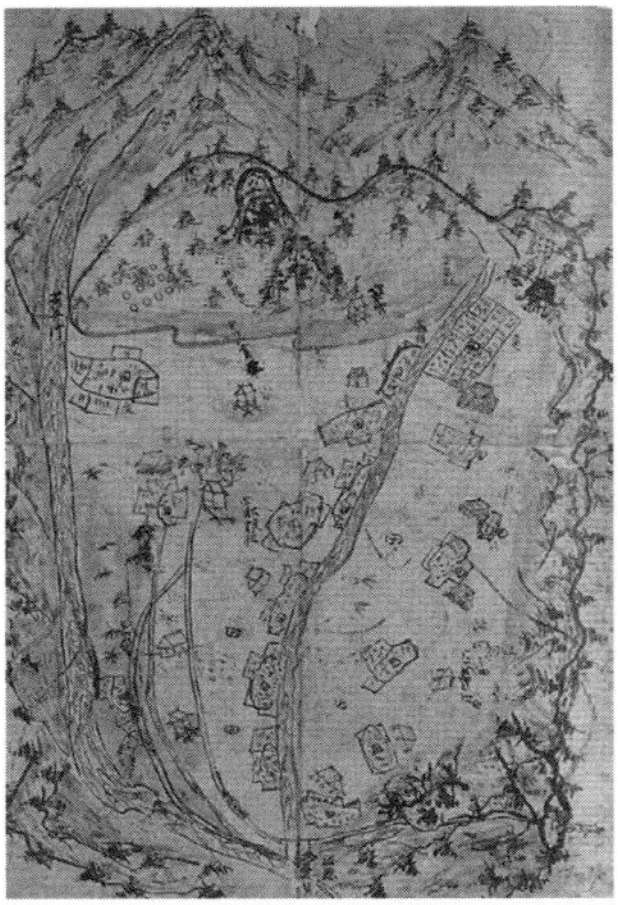
図１　「陸奥国骨寺村絵図」（部分）
原本＝中尊寺所蔵

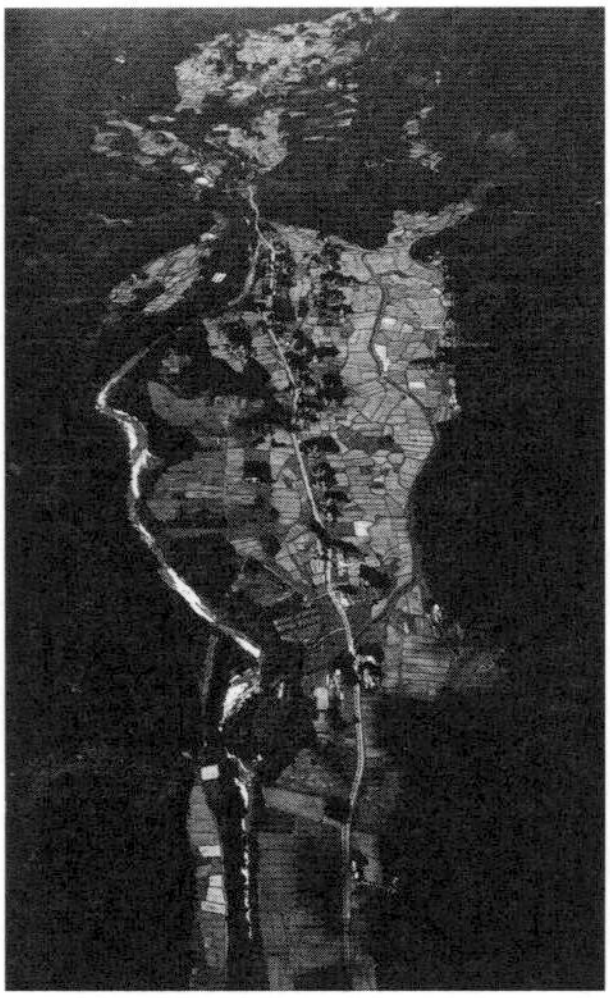
写真９　岩手県一関市・骨寺村荘園遺跡（空撮）
出典＝一関市資料

うまくマネジメントしていくことが重要です。そのときには、やはりある種のブランド戦略が必要になってくるだろうと思います。

最後になりますが、これは岩手県一関市にある骨寺村《ほねでらむら》荘園遺跡という、日本で二番めに重要文化的景観に選定されたところです（写真８）。一見すると当たり前の農村風景なのですが、なぜここが歴史的に重要なのか。それは、中尊寺で発見されたこの「陸奥国骨寺村絵図」（図１）に一二世紀後半のこの地域が描かれていて、その景観が現在もほぼそのまま残っているからです（写真９）。同じように、道があって、建物があって、山があって、川がある、と。山が周りを囲んで一つの盆地を成しています。この風景は一二世紀後半から変わっていないということが、この絵図が発見されたことによって証明されたんです。この絵図は重要文化財に指定されています。

つまり、当たり前に思っていた普通の農村景観が、実は非常に長い歴史をもった価値のあるものだということがわかったわけです。そうすると一歩進んで、最近は農作物などの地域団体商標制度（二〇〇五年）や地理的表示保護制度（二〇一五年）によって産地表示が効果的にできるようになったので、ここのお米を「骨寺米」としてブランド化して売ることができるようになれば、この景観の価値を農家の人ともシェアできることになり、経済的なメリットにも繋がります。

このように、さまざまな仕組みと、観光、景観、地域資源とを組み合わせながら、総合的な戦略を作りあげることこそ、現代の自治体に求められている観光戦略ではないかと思います。

以上で基調講演を終わります。ご清聴ありがとうございました。

4　町を歩き、町を考える　神崎宣武×西村幸夫

「まちづくり」という概念は、翻訳が難しい。長年、都市の景観計画やまちづくりに関わってこられた今回のゲスト、西村幸夫さんによると、あの「カラオケ」同様、そのまま日本語で通じる言葉なのだそうだ。「町が教室だった」という西村さんに伺う、町についてのあれこれ。

町並み保存

神崎　私が、西村さんのお仕事で実際によく見知っているのは、福井県の熊川宿です。小浜と京都を繋ぐ鯖街道の宿場町ですが、いつ頃から熊川に行かれるようになったんですか。

西村　一九八五年に初めて日本ナショナルトラストの調査で入りました。その前、一九八一年に福井大学のチームが伝統的建造物群保存対策調査を行い、ほとんどの建物の間取りを書き留めるような精力的な調査をやって立派な報告書を出しています。そこで熊川宿の町並みの貴重さが改めて認識され、地元有志による町並み保存運動も始まるのですが、なかなか町全体の取組みにまで広がっていかない、という感じの頃でした。

神崎　八〇年代というと、町並み保存ということに今ほど関心が高くない時期ですね。その停滞感は、想像できます。

われわれ民俗学のフィールドワークでもそうですが、いきなりノートやカメラを持ち出して、「さぁ、話を聞かせてください」と言ったところで話が展開するわけではありませんしね。やはり土地の人との人づきあいが大事になってくるのだと思いますが、調査はどのように進められるのですか。

西村　そうですね。正攻法で話を聞いても、なかなか埒《らち》があかないところがあります。それで、私たちが調査に入ったときは、建物だけを調べるということではなくて、もっと地域の人たちの暮らしぶりを大事にしないといけないと考えました。具体的には、地元の熊川小学校の生徒たちとチームを作って、地域のことをいろいろ調査したんです。

神崎　面白いアイデアですね。どんなことを調べたんですか。

西村　あそこは昔、葛細工《かずら》が盛んだったんですが、ほとんど廃《すた》れかけていて一軒だけ残っていたんです。それで、子どもたちと一緒に葛を使って、どういうふうに籠などの製品を作るのかを調べたり、作り方を習ったりしました。あるいは昔はいろんな川遊びをしていたんですが、今の子どもは川で遊んだりしない。それで昔はどんな遊びをしたのか、お年寄りに聞き取りしたり。そういったことをＰＴＡの父兄を呼んで発表すると、すごく盛り上がりました。つまり、地域の環境がどれほど普段の生活に影響を与え、住民の暮らしを培っていたかを具体的に見ていったのです。そして、それらは近代化の中でだんだんとそがれていったけれども、そういうものをもう一度見つめ直すことが大切なんではないか、という提案に結びつけたりしたわけです。

神崎　それを継続的におやりになったんですか。

西村　ええ。調査は三年続けましたし、調査が終わってからも、講演などで一〇回以上は行ってます。調査を始めた頃の子どもたちの文集が今も残っていて、卒業記念に製作したジオラマのようなものもまだあります。何年か経って地元で活動している方たちの集まりで話をしたとき、調査当時の小学生が高校生になっていて、ぼくらよりでっかくなってるんです。ちゃんと話も聞いてくれて、感動しましたね。

神崎　蒔《ま》いた種が育ってますね。そうやって後からときどきいらっしゃるのは、結局、この町をどうすればいいかというようなテーマでお話をされるのですか。

西村　そうですね。それと、いろんな外の情報を話してほしいといった要望もあります。

神崎　古い町並みをまったくもとのとおりに戻すことはできませんが、当時の雰囲気に戻すというときに、何がいちばん問題になりますか。

西村　最近はそうでもなくなりましたが、ぼくらが調査に入った頃は、住民は古い建物は恥ずかしい、古いってことは甲斐性がないということだ、という意識をもつ方が多かった。周りはどんどん近代化しているのに、この町は乗り遅れたと思い込んでるんです。ですから、古い建物は魅力があるんだと、そういう意識をもってもらうことがいちばんたいへんでしたね。改修にあたっての技術的なことよりも、むしろ気持ちの問題の方が大きいですね。昔の建物だと、やはり暗いとか寒いとかありますし、それを補修するということを含めて、一般の人にとって改修するというのは、古い建物を壊して、新しい近代的な建物にするというイメージなんです。そうではなくて、今の建物にちょっと手を入れれば良くなるし、住みやすくなる。完全に否定しなくてもいいものになるというのは、何か具体的な例がないとイメージできないんです。

神崎　そのように意識を切り替えるには、やはり外部からの視点が必要ですね。

西村　中の人は、かえってその価値を気づかないものですね。ですから、その辺でわれわれの役割があるかなと思うんですよ。

神崎　そして、地元のキーパーソンになる人としっかりした信頼関係を結ぶ。

西村　ええ。熊川の場合は地元にも行政側にも何人かいらして、アドバイザーとしてわりとバランスよく意見を言えました。その意味では、出だしはぎくしゃくしましたが、ある程度動き出してからは、本当に地元の力でレールに乗って走ってきたということですね。

伝統の分断

神崎　どうにもてこずって、結果的にうまくいかなかったというような例は。

西村　ありますね。あまり多くはありませんが。そういうとき何がいちばん問題かというと、行政側の対応がまったくできていないことですね。住民だけではいろんな情報も入ってこないし、どっち向きに努力していいのかもわかりません。何らかのかたちでアドバイスしたり、活動がだんだん育ってくれば事務局的なことをやったりとか、行政には活動が育っていくのを見守る役割があると思います。それができないところは難しいですね。

最近は少なくなりましたが、かつては中央のカネをいかに地元にもってこられるかが優秀な政治家とされる風潮がありました。地元に立派な道路を通すのが政治家の務めというような開発志向の首長だと、地域の文化とか歴史にもあまり興味がないんですね。そうしたところでは、自ずと行政の対応も期待できない。

神崎　それぞれがもっている文化の基盤が違いますから、ヨーロッパと日本を単純に比較してはいけませんが、たとえばドイツの南部へ行きますと、ライン下りの観光ルートを外れた、車で一時間も奥に入った小さな町でも、あれは何建築というんですかね、木が入っている……。

西村　ハーフティンバーですね。

神崎　そういう伝統的な建築様式が、町全体に残っていて、レストランにしてもチーズ工場にしても建物の活かし方が上手で、その町が完全に一つの小宇宙になっている。けっしてほかから孤立しているわけではなく、かなり往き来もあるんだけれど、中世以来そのまんま自立自給の村や町であるかのように見えます。あれは、何が違うんでしょうか。日本の場合は、江戸時代ぐらいまでたどって雰囲気として再現できたといっても、人間の暮らしがそこで自営できているようには見えませんが。

西村　ああ、そうですね。場所にもよりますが、昭和三〇年代ぐらいまでは、建物と土地の関係とか、コミュニティの関係とかは、それなりに持続性は保たれていたんじゃないかと思います。その後、非常に急速に変化したんですよ。戦後復興、高度成長というのがコントロールできないぐらいのスピードと密度で進んで、都市化が広がり人口も増えた。非常に規模が大きくて急速な変化が、歴史的なものを否定するかたちで集中的に進んだんです。ヨーロッパの人口の増加とか、農村から都市への人間の移動とかのスケールとスピードと比べると、日本ははるかに大きいし、速いんです。

神崎　ええ。

西村　それはひとつには、日本の戦後復興、経済の再生が、伝統的なものを完全に否定する仕組みの中で始まったということが大きいのだと思います。日本は、明治維新にしてもそうですが、古いものは改善されるべきものであるという発想で進められてきた。だから、古いものに対して自信をもてなかったし、過去のものはよくなかった、という意識をもつようになったんじゃないでしょうか。

神崎　「たら・れば」を言っても仕方ないですが、日本は街中をトラックやバスが走り抜ける。モータリゼーションの時代が到来したとき、大量物流のための道路は、町の外郭を通すというセンスが道路行政になかったのは残念です。それは、逆に言うと江戸時代の街道整備がうまくいき過ぎていたせいかもしれません。熊川にしても、会津の大内にしても……。

西村　ああ。道は広いですね。

神崎　ええ。だから、バスやトラックなどの近代交通を江戸時代の道路で通すことができた。それがある意味で、仇となったんじゃないか。ヨーロッパで、街中に石畳の道や古い建物が残るという理由の一つは、それらを壊して街中の細い道を拡幅したりするより、外郭に新たな道を造った方が安上がりで早いということだったのかな、と思ったりします。

西村　なるほど。日本の場合、城下町の表筋などはきちんとしてますが、一方で裏側はやはり狭いですね。その狭さが人間が通るヒューマンスケールなんで、車のスケールとは違うわけです。そこが日本は全然対応できていない。もっと外側に大きな道路を造って、そういう路地は別のものとして残す、という発想にはならない。全部同じでなければならない、と。

神崎　すべて一律に（笑）。

西村　それが平等だ、というふうになったところがありますね。だから、日本の道路幅は四メートルないといけない、ということになっています。ところが裏道のすべてが四メートルなければいけないかというと、そんなことはないですよね。だけど、一応ルールを決めたから、そっち向きに走ったんですね。制度そのものが伝統的な空間を否定するような、そういう仕組みでここまできた、というところがあるような気がします。

神崎　運搬路にこだわって言うと、江戸時代の倉敷なんかは、運搬路は川なんですね。そうすると川がある限り、そこへは自動車道路は通じにくい。今の倉敷の景観を考えるとき、メインストリートが川であったということとの意味は大きいと思いますね。ただ、あの大原美術館のある一画だけが残っているんで、ちょっと特殊街区ではあるんですが。

西村　倉敷が残ったのは、やはり大原総一郎ですね。戦前の段階から、これはいいんだと思う人がいて、評価したからですね。ヨーロッパを回って、倉敷を日本のローテンブルクにしたいと思ったというのが、七〇年ぐらい前のことですから、まさに慧眼ですね。

文化的景観

神崎　世界遺産に登録されたものを見ていると、日本は街道文化というものを、もっときちっと検証すべきなんじゃないかと思います。江戸時代の街道は、道路幅一つにしても、側面の水路にしても、川堤にしても非常に整備されている。これはケンペルやフィッセル、シーボルトが書いているとおりです。参勤交代を幕藩体制の中心的な制度にした以上、今で言う国家事業で街道整備を行った。しかも列島を網の目のように張り巡らした。主要街道だけをとっても相当な距離ですよ。したがって参勤交代が動いていない農閑期には、農民たちも伊勢参宮なんかをするわけです。そういう旅を誘発した江戸の街道行政というのは、やはり世界遺産にするべきだと、私なんかは思うんですが。

西村　なるほど。

神崎　トーマス・クックが旅行業の開祖のように言われていますが、ヨーロッパの貴族の師弟のグランドツアーを世話したわけじゃない。彼がやったのは、産業革命以後の鉄道旅行ですから、一九世紀のことです。日本の場合はもう一七世紀に、たとえば伊勢の御師《おし》などは、今で言う総合旅行業を始めているんです。各地に伊勢講を作って、そこを管理して代参者を地方ごとにまとめて案内し、途中の宿場、峠越え、関所調べなどの世話をしています。そういう街道と宿場と旅ということで言うと、江戸時代の街道文化というのは、くどいようですが、世界遺産に相当すると思うんです。しかし、残念なことに、宿場は単体でしか残っていない。宿場と宿場を繋ぐ街道がほとんど残っていない。街道文化といえるものを総合的に示すものが残っていないんですね。

西村　確かにそうですね。木曽街道は部分的にはかなり残っていますが、例外的ですね。大半は自動車交通のための国道になって……。

神崎　宿場の業種なんかをとってみても、木曽街道が江戸時代の街道を象徴するとは、ちょっと思えませんね。だから、東海道とは言いませんが、西国街道とか奥州街道なんかのどこかが残っていれば、と思ったりもするんですが、もうほとんど追跡できませんね。

西村　国道からそれて、旧道の方をちょっと寄り道すると、そこにエアポケットのような空間が残っていることがありますね。古い社寺とか、昔の名残を感じさせるものとか。そうした旧街道の痕跡のようなものが見えてくると、ものの見方も変わってくるかもしれない。

神崎　これまでは建物単体を文化財とみて、それから町並み、集落景観というような群れで見るようになった。無理を承知で、もう一度江戸期に返って街道というのを再現できないかと考えてみるんですが。中山道、木曽街道よりもっともっとマイナーですけれど、現在秘かに出雲街道の勝山から新庄までの道の復元を提案しているんです。松江の殿様しか参勤交代に使ってないんですが、一つの国の殿様が通るだけでも、それだけの整備がされているんです。

西村　二〇〇四年に文化財保護法が改正されて、文化的景観という文化財のジャンルができました。それで街道とか往来とかいうものも文化的景観だということで、今重要文化的景観の候補をピックアップしているところなんです。まだまだこれからなんですが、ようやくそういうこともやれるようになってきました。

神崎　もしかしたら、陸の街道よりも川の運搬路の方が早く手をつけられるかもしれませんね。日本の川は地形に従って急峻ですから、それが中心の交易路にはならないんですが、引き込み水路としてはいろんなところで機能を伝えて残っています。灌漑用水にしても、たとえば常陸のあたりに行けば相当な数が残っていますね。

西村　近世の景観として、水との関わりでいうと、やはり江戸時代に開発された灌漑用水もはずせませんね。一度造った水路はなかなか壊せないし、水利権もあるから、未だにそれこそ遺産として残っている。川とか舟運、水路を見直すというのは、ある意味で象徴的なことかもしれませんね。つまり、東京とか大阪の小河川は、そのほとんどが蓋をされて、道路とか緑道になっている。その蓋をはがして、また川に戻そうというような動きも出てきています。これまでの道路行政に対する反省、新たな都市景観の創造ということでしょうか。

世界遺産登録申請

神崎　最近は、江戸時代における遺産に目を向けて、登録申請を行おうという動きがかなりの数で出ています。だけど、ちょっと疑問に思うところがあります。つまり、江戸時代は外国との交易をほとんど遮断して、内国政治、内国需要、内国流通だけで二百数十年を経ています。きわめて特殊な文化が、いわばドンブリの中で攪拌されているわけです。そういった国の体制は、世界にはあまりありません。だからユネスコなんかで説明会を開いても、その大前提が、背景となるものが説明できなければ、街道文化にしても灌漑水路にしても、簡単にはわかってもらえないでしょうね。それで世界遺産に以前から関係されている西村さんに伺うのですが、世界の中で日本の江戸時代というのはどう思われているんでしょうか。

西村　世界遺産の暫定一覧表を作るために、都道府県に提案を求めたことがあります。その中に江戸時代が中心になっているものがいくつかありました。お城とか城下町とかがあって、木曽街道、中山道と妻籠《つまご》の周辺も出てました。世界遺産というのは、世界の中に多様な文化があるということを、きちんと見せるようなリストなんです。それで神崎さんがおっしゃるような、江戸時代の社会システムは非常にユニークであって、世界から見ると特殊な発達を遂げた文化だと思われる。その他の国にはない文化のありようとしての城下町や宿場町が出せれば、それは論理としてはかなり説得力がもてるんです。ただ問題は、江戸文化を代表する典型的なものが、その当時のまま全部がそろっているかどうかですね。萩なんかは城下町としては、日本の中では残りがいいと思うんですけれど。お城だけとか武家屋敷の一部とか、パーツであればあるかもしれませんが、都市全体を表すというのはなかなか。

神崎　線とか、面で、というとらえ方がなかなか難しいのが日本の近代ですよね。

西村　ただ、前向きな評価をするとすれば、日本の中の伝統的建造物群保存地区だという発想にとどまっていた城下町や宿場町でも、世界遺産の暫定一覧表に提案するというときに、たとえば妻籠は、江戸時代に発達した世界でもユニークな街道の宿場町であるというような、そういう仕組みの一環として考えるならば、世界に打って出ることができるということがわかったわけです。ユニークだと思ったのは、最上川というのを山形が出した。これは川ですけれど、最上川にまつわるさまざまな舟運の仕組みや川にまつわるいろんな儀礼が非常に色濃く全域に残っている。それが全体として大事なんじゃないか、という提案なんですね。部分的に名所や史跡になっているところはあるんですが、最上川を一つとして見て、そこに価値を見出すということは、これまであんまり考えてこられなかったわけですよね。その意味では、非常に新しいものの見方を提起してくれた。そんな目で最上川を見つめ直して、もっとこんなところがあるというような県民運動が生まれてくると面白い。

神崎　申請を通じ、いろんな意識の芽生えがあるんですね。私も少し関わったことですが、小浜と福井の白山、鳥取の三徳山、出羽三山、宇佐の八幡信仰など、神仏習合に関連した案件もいくつか出ていますね。この神仏習合を世界に向けて説明するのもなかなか難しいことですが……。

西村　でも、発想はすごく面白いですね。

神崎　そう、世界的に稀だから説明が難しいともいえるわけで。登録できるかどうかはひとまずおくとしても、戦後教育の中で曖昧にされた精神文化を、世界に向けて歴史的に体系づけて説明できるか、というトレーニングだと考えれば、意義のあることだと思います。

ところで、今あちこちの大学で世界遺産や文化観光を取り上げるコースが出てきていますが、西村さんのゼミでは、どんなご指導をされてますか。

西村　私自身のことを言えば、いちばん学んだのはおそらく現地調査でそれぞれの町で出会った人びとからです。ある種、町が教室だった。というか、私が学生だった時代は、まちづくりや町並み保存といったようなことが講義としてもなかったんですね。今、私もいろんな調査プロジェクトを頼まれて、学生を動員して現場に送り込んでるわけです。すると、学生の顔つきを見てるとやっぱり現場に行ってるときがいちばん生き生きとしてる。今の学生は、親に守られながら人工的な環境の中でお勉強をずっとやってきたという感じがありますよね。本当のリアリティをもった生活に直面する機会があまりなくきてしまっている。ですから、現場に行ってワッと、放し飼いじゃないけれども（笑）。そうすると、彼ら自身でテーマを見つけたりいろいろやって、あんまり言わなくてもいいんですよね。私がそうであったように。

神崎　西村さんのとこはね（笑）。いや、でも現場主義を尊ぶ教育は、今本当に重要だと思います。その意味でも、ますますのご活躍を期待しております。ありがとうございました。

［対談者］　**神崎宣武**（かんざき　のりたけ）　一九四四年、岡山県美星町生まれ。民俗学者。旅の文化研究所所長。郷里では、岡山県宇佐八幡神社宮司も務める。最近の研究テーマは、「民間の神仏」「酒肴の習俗」など。著書に『江戸の旅文化』、『三三九度』（ともに岩波書店）、『盛り場のフォークロア』（河出書房新社）、『しきたりの日本文化』（角川学芸出版）など。

第3章

都市を語る

1　アートは地域を再生する――北川フラム×西村幸夫

日本有数の豪雪地帯で過疎集落が山間地に点在する越後妻有。大地の芸術祭は、自然の豊かに残った広大な地域を舞台に三年に一度のトリエンナーレとして開催されてきた。その総合ディレクターを務めるのが北川フラムさんだ。昨年は、第四回めの芸術祭を成功させただけでなく、大阪を開催地に都市の芸術祭「水都大阪二〇〇九」を演出。さらに今年、瀬戸内海の離島を舞台とした「瀬戸内国際芸術祭」を開催する。同氏の手で地域を主役とする現代アート展が次々と実施されている。その地域への想いについて語ってもらった。

グローバリゼーションに抗する

西村　今、全国で創造都市ということが広く言われるようになってきて、北川さんのやられてきたことが注目されるようになってきてますね。そもそもアートをやっている人は、あまり町や村と関係なく純粋に芸術活動を追求する人が多いと思うんですが、北川さんが地域を舞台にアート活動を始めるきっかけを教えてください。

北川　もともと、ぼくはアート分野の人間で、アート側の発想をすることもありますが、通常のものの考え方をすることが多いのです。この二〇年間思ってきたことは、世界中が同じになってきちゃった、ということです。いわゆるグローバリゼーションと言われていることですが、今の価値観で言えば、いちばん新しい情報のあるところに最短でアクセスすることだと思っているんですね。それは時間があれば携帯のメールを見たり、朝から晩までインターネットを見てるとか、要するに新しい情報を調べていないと落ち着かない。それを街でいうと、汐留、ミッドタウン、六本木ヒルズができていくような集中型の再開発が行われる。これらは一か所に集中すれば情報が集中するからだと思うんです。そのような方法では銀行や一般企業の競争と同じように、独り勝ちしかできないのです。まちづくりでもそうで、いちばんお金のあるところ以外は、全部だめになっていく。ぼくはこれでいいんだろうかと思っているわけです。この間、大阪の水都再生プロジェクト「水都大阪二〇〇九」[★1]に関わってきて思ったのは、大阪も東京を追っかけるからうまくいかないんですね。橋下知事が「こんなのはだめだ」っていったんだけど、粘り強く実施したら、知事は今年度の基本施策にしましたね。

話を戻すと、いちばんすごい都市以外は全部アウトになっていく。グローバリゼーションの中で、それ以外の場所をどうやっていったら良いかという問題があると思うんですね。現代の都市や地域の空間には、お金が一気通貫で入ってしまうから、集中化が進む。ぼくは一気通貫にならないのは時間だけだと思いました。時間だけはそれぞれの地域に固有なものです。それぞれに工夫して生活しているし、気候も風土も違いますから。それで越後妻有《つまり》で言えば、一五〇〇年ぐらいの蓄積のある地域だから、その歴史に基づいて、蓄積したものを寿《ことほ》いでやっていくしかないわけで、その地域の資産目録を作る手立てにアートがなると思っているわけです。

大地の芸術祭におけるアート

西村　ぼくらも同じようなことをやっているわけです。まちの宝を探してリストづくりをしている。われわれの場合は、物理的な資産をリスト化するのですが、アートと地域資産の間にはどのような接点があるのですか？

北川　いちばんわかりやすい例は「大地の芸術祭」のこの作品（イリヤ&エミリア・カバコフ『棚田』）ですね。川向こうに、棚田に田起こしから種まき、収穫までの高さ三メートルの彫刻が配置されて、手前にはスクリーンがあって春夏秋冬の棚田の風景に合わせた詩が書いてある。いわば立体絵本になっているんです。カバコフというロシアのアーティストは、雪国で頑張って作ってきたという農民の営みを表現しています。

　ここの福島さんという棚田の農家は二〇〇〇年に棚田をやめようとしていたんです。その棚田を使わせてくださいと頼んだんですが、最初はいい顔をされなかった。もう棚田に使わないにしても、わけのわからない現代美術に使うなんて冗談じゃないと思ったようです。だけど、カバコフさんやそれをサポートする人たちは、このような条件の悪い土地で棚田を作ってきたことはすごいなと、それを寿ごうと思ってやりたいわけですね。そこで岩波新書『日本の農業』（原剛著）一冊英訳することから始めたんですよ。農業を理解することから始めて、棚田での創作表現を説明（稲作の五場面を、川を挟んだ対面から見る設定）した。福島さんは、その勉強を見て棚田の利用を承諾した。そして、しだいに長く続けてほしいという気持ちを抱き始めるんですね。実際に、二〇〇〇

イリヤ&エミリア・カバコフ『棚田』
スポンサー＝ベネッセホールディングス、撮影＝中村脩

年で耕作をやめないで二〇〇六年まで田んぼを耕作し続けたんです。

今までのように、セザンヌが山を描いたというだけじゃだめなんですね。やはり、人が来て、現場を見ることによって、棚田のたいへんさが伝わるわけです。だから、このような場のアートというのは、アートが主人公じゃなくて、アートは風景を見せるための仕掛けとなる。いわばキャンバスに点を打っているようなものです。そういうことをアートは地域でやってきたんだと思うんです。アーティストの、いわば現実的な価値がない妄想を、地域の人びとに対し説得して葛藤しながらやってきたわけです。

西村　そのようなアーティストはもともと、専門に地域での表現をやってきた人びとなんですか？ 人には適性があると思うんですけど。

北川　いや、専門じゃないんです。優秀なアーティストは現場を見て考えるんですね。なぜかというと、二〇世紀は都市の時代で、都市がうまくいけば社会全体がうまくいくと思ってきた。だけど、うまくいかないわけです。彼らはパリやロンドンに住んでスーパースターかもしれない。しかし、親や兄弟、知人の住む地域が過疎になっていくことに直面している。だから、日本の過疎地である妻有にも興味はあるのです。力のあるアーティストは、地域に入ってくると変わります。都市ではニッチ（特定の美術愛好家を対象にした小市場）を開拓するしかないですね。都市が病んでくると、美術から明るさがなくなりますね。これはアーティストにとっても楽しいことじゃあない。ところが、妻有では皆が手伝ってくれるわけです。

西村　アーティストの側でも、ポジティブな面が出てくるわけですね。

北川　そう、いいかたちで作品が変わるんですね。そのような体験があると、アーティストも積極的に参加します。過疎などの地域問題に関わる歓びをアーティストたちは感じています。ですから、キャンバスに点を打つことによって、キャンバスを活かしていく。そのようなことをやりだした。それが今、地域づくりにアートが入っている理由ですね。

整理すると第一にアートは地域で棚田のような宝を発見するわけです。第二に他人の土地で作品づくりをするには、地域を学んで熱意を伝えていかなくてはならない。第三に土地の人たちはさまざまな技能をもつ「百姓」ですから、みかねて手伝いに入る。その瞬間に、イリア&エミリヤ・カバコフの作品だけど地元民の作品に変わるんです。見物客が来るでしょ。そうすると、作品について語り、地域について語る。それは楽しいわけです。じいちゃん、ばあちゃんが元気になってくる。ぼくらの指標は、じいちゃん、ばあちゃんが元気になることだと思っているわけです。

西村　地域の人から見ると、最初は変な人たちがきたという反応ですね。

北川　ピアスの男がくるとかするわけですから、地域の反発は並じゃないですよ。その落差をアートは超えますね。

西村　なまじ用途があるものだと、機能しないですね。

北川　それだと、どれだけ儲かるかとか、別種の分野になってしまいます。アートって赤ん坊みたいなものですね。役に立たない、手間隙かかる、みんなで面倒見ないとしょうがない。みんなでメンテナンスすることで人と人とが繋がりますね。地域の人が繋がるいい媒介物ですね。だから、役に立たなく手間がかかるのがいいんです。

西村　とすると、都会より田舎の方が、人が多いより少ない方がやりやすいですね。

北川　もうひとつあって、ぼくは妻有に一九九六年から入ったんだけど、地域に専門家や若い人たちが必要だと思っていた。だけど、全然理解してなかったことは、都市の人間の方が田舎を探していることです。今では学生だけでなく大手企業の社員や経営者も手伝ってくれるんです。なぜかといえば、グローバリゼーション社会ではどれだけ頑張っても、ある日突然会社が買収されたりつぶれたりするわけですね。つまり、都市の中で人間は員数でしかない。ところが、地域では人を必要としている。この傾向をＪＴＢは的確につかんでますね。観光業から斡旋業に変わると思いますよ。

皆、第二のふるさとを創ろうと思っているんですね。その底流はものすごく大きいです。だから今、「瀬戸内国際芸術祭二〇一〇」[★2]を始めましたけど、ボランティアが五〇〇〇人あっという間に集まる。東京が二五〇人、大阪が二〇〇人、神奈川が五〇人という具合です。みんなが自分のリアリティある場所を探そうとしている。その動きが妻有を支えている。

西村　それはよくわかりますよ。ただし、アートでなくてもいいかもしれない。たとえば、草刈り十字軍とかね。日本中、いろんなかたちで動いているんじゃないかと思うんです。

北川　それはまったくそのとおりです。ただしアートというのは、直感的に地域の面白さを見つけるのがうまいんですね。

西村　でもまったく外れるということはないんですか？

北川　いいコーディネーターとアーティストがいれば、それなりに修正は必要ですが、外れないと思います。学生がやればいいと思っているところは、うまくいかないと思いますが。やはり本当に力のある人たちが参加する必要があります。

西村　たとえばどこかの美大生を連れてくるだけじゃあだめですか？

北川　それはその瞬間はよくても、質というものがあって、面白く見せなければだめです。美大生がやっていてうまくいきだしているところもありますけど、二、三回でつぶれますね。面白くないもの。美大生は自分の表現をしようと思うでしょ。だけど、本当のプロは、その背景をうまく見せるんですよ。作品の必然性を見せるんです。それが大きな違いですね。

食や農とアートは繋がる

西村　今、いろんな自治体がアートをうまく活用しようと思っていますね。そうするとアートだらけになりそうな気もするんですが、これからどのような方向に行くんですか？　日本中、妻有になるのも変な感じですね。

北川　その場合、大きな要素は「食」ですね。アートより食や農です。ぼくらはアートをやりながら、だんだん食や農にシフトしていっている。地域の拠点施設「まつだい「農舞台」」にはハイシーズンには一日に三台のはとバスが来ますが、それなんかはアートと食事と温泉が目当てです。今、妻有でも棚田オーナー制をやってますが、農や食はすごく重要です。食には普遍性があります。地域のうまいものをその場所で食べると本当にうまいですからね。

西村　われわれもそうなんですよね。古い町並みを見に行っても食に惹かれますよね。

北川　食は飽きないですよね。都市の住民が何千万人いても、行けるときにそれぞれが地域に行けばいいんですよね。そうすれば、各地の個性が輝くと思います。

西村　これからは都市もたいへん難しいのではないか。大都市の周辺部や地方都市の中心市街地でクリエイティブなものを求めたい場合があると思いますが。

北川　中間的な都市でいうと、北本市などは中途半端なベッドタウン都市だけれども、その中途半端に見える特色をうまく使えば面白くできると思う。そこで六本木ヒルズや妻有を狙っても仕様がない。

西村　当たり前の郊外都市のよさがあるということですね。北川さんのアーティスト的な眼で見て面白いところが見えないと、なかなか可能性を感じることはできないと思いますけれども。

北川　専門家のアドバイスは必要だと思いますよ。そうじゃないと、大阪が東京を夢見たのと同じようなことになってしまいますね。だけど、そうじゃないぞと、川にお尻向けて排水していたのをやめようと、それは大阪は水運を中心に形成された都市なんだから、水辺を活用したレストランなどが開店できるように規制緩和したんですよ。それにはプロや外部の人材が必要ですね。今までIターン、Uターンを美談として言い過ぎましたね。そうではなくて、他者を受け入れるか受け入れないかはものすごく大きな差だと思う。他者を受け入れないところはだめだと思う。大阪は大阪人じゃないとだめだといってきたんですね。ところが、今回は他者（北川）を受け入れたんですよ。失敗したらその責任をとらせるような責任者（他者）を入れないと、思い切ったことはできませんよ。女性を入れるとまちづくりは成功するといいうけれど、やはり男はこれまでの経緯がありますから、新しいことはできませんよ。

西村　それと女性は他所から嫁いで来てて、他を知っていたり、これまでの繋がりがないとか、肩書きが関係ないですからね。

北川　他者を入れようとしないところはたいへんですね。

西村　ある程度厳しいところが、わらをもつかむ心境で変わるんでしょうね。ですから二一世紀は田舎がものすごく魅力的になって、もう一回回帰するような時代じゃないかと思いますね。

北川　ぼくもそう思いますね。

西村　まちづくりをやってますと、気持ちはそうであっても、気持ちだけでは食えないのではないかということがありますね。それはどうしたらいいとお考えですか？

北川　それは面白いことがあればいいと切り替えることが大事。大げさに言えば田舎では一〇万円あれば生きていけるわけ。一〇万円で十分楽しいんですよ。楽しさで変われるかどうかですね。

西村　その程度の収入でよければ、選択肢が増えるということですね。

北川　これまで楽しいことをやってこなかったんですよ。ぼくは妻有に入ったときに考えたんですが、農業のことは何も知りませんでしたからね。地域のじいちゃん、ばあちゃんは若い人と同じで興奮や刺激が好きなんですよ。消費も好きですよ。でも、本当の喜びは子どもたちが元気でいてくれることや集落が残ることですね。二〇年先が考えられない状態になっている地域に若い人が訪ねてきて活動してくれると、うれしいんですよ。そこでは大量消費から地域ならではの楽しみへと価値観が移動しているわけですね。お金はそんなにいらないとまでは思ってないけど、少しずつ変わってますね。

西村　このような議論は都会側から行うから、田舎は職がない、職がないからだめだという発想ですよね。地域では最近、職を作り出す動きも見えていますね。従来にない農業を志すとか、農作物をインターネット販売して消費者と直接繋がるとか。

北川　最近調査したら、大地の芸術祭事業関係では妻有だけで恒常的に一〇〇人働いてます。農家レストランのようなものも誕生している。都会の人も地域に行きたがっている。

西村　いちばん不便なところにもっとも魅力が残っているから、行きたがる。だから、大逆転が起きる可能性がありますよね。

北川　それにこれから食料の問題がたいへんになるから、ますますそうなる可能性がある。ぼくらが頑張ってきたというより、必然的な動きが都市と地域の間に起きてきたということが、大地の芸術祭がそこそこ成功したと言われるいちばん大きな理由だと思います。

芸術祭の思想

編集　芸術祭は妻有だけではなくて、大阪や瀬戸内に飛び火していますよね。新潟は北川さんの出身地ですが、他地域ではまた異なった考え方があるんですか？

北川　いや、同じですね。面白いことをやればいいんだと思っています。違う角度で言えばいちばん重要なのは行政と仕事するということですよ。行政と組んだ途端、地域の全員が反対してきますから。この「反対」が重要です。仲間内だけではだめですね。行政と組んだときに起きる大反対をどうやって超えていくかということで、こちらは非常に鍛えられる。鍛えられることによって普遍性みたいなところにいきますね。それからじいちゃん、ばあちゃんが思っていることに繋がらなければだめだし。行政が入ると壁が高くなるわけ。でもこの高さが重要です。やれる者同士でやるのもいいけれども、それだと普遍性にはいかないと思います。反対者と一緒にやれるということはいちばん面白いですよ。

西村　最初、十日町市の方から何かやってほしいと頼まれたわけでしょ？

北川　そうです。それは合併施策ですよね。その合併施策と全然違うことをやったわけですよ。人が来ないでしょ。効率が良いから一か所でやった方がいいんじゃないかという意見があったが、絶対嫌だと断ったわけです。地域にある二〇〇の集落を活かしてやり続けようと主張した。もし集落でやるインパクトがないんだったら、やめたっていいと思いましたしね。その集落って、地域の人にとっては本当に大切だと思うものね。昔は雪に閉ざされて集落ごとに孤立しながら頑張ってきたわけです。車社会になって道路が造れないから町の中に来いといわれても、そうはいかないですよ。「根」がなくなりますよ。ぼくは根がなくなると人間ってだめになると思うので、それが頑張ろうと思った動機ですね。

西村　そうですか。アーティストというと根のないボヘミアンだと思っていましたが、根は必要なんですね。

北川　今でもボヘミアンですよ。それはそれで良いわけじゃあないですか。それに手伝ってくれる人も集まってきます。赤ちゃんが産まれて、それを守らなければいけないと思うサポーターたちがいっぱい来るわけですよ。

西村　展示は会期が終わると撤去されるのですか？

北川　撤去されるのもありますが、半分は残っています。去年（二〇〇九年）は、展示作品が三五〇ですよ。今、事務所で打ち合せしているオーストラリアの展示は本当の限界集落の廃屋を利用してやったんです。

西村　それをアーティスト・イン・レジデンスでやっているわけですか？

北川　そう。それを大使館が一生懸命コーディネートしているわけです。それでオーストラリアの外相がわれわれは新潟の山の中でこういうことをやってますと宣伝してるんですよ。

西村　先ほど時間は宝だとおっしゃったけれど、われわれが町並み調査に行くと、春に花が芽吹き満開になる様子を克明に語ってくれるわけですよ。われわれも行けばその時点での花は見ることができるけれども、経過は見ることができない。普段はあまり語られないんだけれど、地元にいて継続して見ていないと、見えないものがあるのですね。

北川　そう、まんざらじゃないとなって、誇りが意識されてくる。その誇りが大事だ。過疎になってコミュニティがなくなって、誇りまでなくなってきましたね。その最後の誇りを寿ぐことが、ぼくらのやれることかもしれないと思ってますけどね。

西村　それは普遍的なもので他の場所でも応用可能だということですね。

北川　それは絶対普遍的なんです。その土地で生きていくためのものすごい工夫をしていますからね。それはもう感動的なんですよ。

アートは生活を表現する

西村　北川さんご本人のことを聞きたいんですけれど、芸大に行かれてアーティストの側面があるじゃないですか。それと生活者との側面はどういうかたちで結びついているんですか？

北川　良いことを聞いていただいたんだけど、美術ってアルタミラやラスコー以来、人間の手形だったり足跡だったり、当時の大地や自然との関係性を表しているんですよね。しかし、明治になってね、美術って「彫刻」「絵画」だと思っちゃったわけですよ。殖産興業振興の一環で美術も国がやらなくちゃいけないと思ったのは偉いけれど、美術館や学校を作ってやれることはマニュアルでしかないし、展示できる程度のものでしかない。いちばん人間にとって面白かったお祭りとか、庭とか床の間とか衣服とか食べ物は、芸術じゃないから大切じゃないとしちゃったわけでしょ。だから美術ってわからないって言われますよね。音楽は好き嫌いで言いますよ。ぼくが講演会でこの一年間、年賀状でもいいから絵を描いた人いますかと聞くとせいぜい五人だけです。つまり、生活と異なるショーウインドーのものになっちゃったわけですね。これはだめだと思って美術と社会を繋ぐ活動をやりたいと思ったんです。ですから明治に決められた「美術」によって私たちは楽しみを喪わされてきたと思いますね。

西村　生活文化全体に広げてみれば、いろんなかたちが見えてくるということですね。私もまちづくりをやってきて、最初は建築や町並みの物理的空間でしたが、やっていくとそこの生活が面白いし、暮らしを見ないと物理的空間だけを見ても意味がないわけですよね。そうして見ると食があったり祭りのときにドラマティックに町が変わったりするでしょ。

北川　まったく同じことで、分業で狭くなった活動の場を生活全体の中でつかみ直す必要があるわけで、人が好きだっていうことを空の高さ海の深さで言いたいのに半音の音階で表したり、半角のハートマークで表すようになっちゃったね（笑）。五感がまったくだめになって、記号で表すようになったね。それがいちばん問題だと思うんですよ。そのとき、もう一度生活の手触りで何かやっていった方がいいなと思った。好きなアーティストは誰かと聞かれれば、ボナールとかモネだっていいますよ。だけど、そんなことを良いって言っても仕方がないので、自分のやることは違うなと考えている。もっと手触りとか匂いとかを含めた、みんなが一緒に楽しめることからやっていった方が良いと思いますね。

西村　ぼくなんかも建築でいちばん感動するのは民家なんです。生活全体がきちんと見えるのは農村なんですよね。だから農村の中に人間の全体像を見直せるものがあって、そこに回帰していくということなのかな。

北川　われわれは記号になった断片で自分を語っているけれども、生理で語ってないですものね。その生理が今すごく重要なんじゃないですか。

西村　北川さんのような立場は美術の世界では少数派ですか？

北川　そんなことはない。美術だけなんですよ、他者と違っていいのは。ぼくがなぜ美術の世界にいるかといえば、人間は皆違うものだってことを表している世界だからです。算数できないやつが美術やってますから。

西村　なるほど。算数できなくたっていいじゃないか、いろんな人がいるんだってことを言うわけです。

西村　なるほど。皆いろいろチェックされてきてるわけだけれども、クリエイティビティってチェックしようがない。

編集　田舎がクリエイティブな個性を受け入れるようになったのはたいへんなことですね。

北川　それだけ危機のときなのかもしれませんね。

離島を舞台に

西村　各所でこのようなことをやられたら身体がもたないんじゃないですか？

北川　きついですよ。瀬戸内で国際芸術祭（開催期間二〇一〇年七月一九日〜一〇月三一日）の準備をしていますが、東京との往復です。可能な限りぼくが行って説明しています。だいたい二時間ぐらいの船の帰り時間までの間、島民の方からはこれまでの文句ですからね。でも、島がちょっと脚光を浴びてうれしいわけ。もう三回ぐらい島の集会所で説明していますが、帰るときにばあちゃんに頑張ってといわれると、過疎の島に対するある種の介護になっているような気がしますものね。

西村　北川さんの迫力でやられると、そんな気になるんでしょうね。だから、パーソナリティの影響もありませんか。

北川　いや、やはり根拠がありますよ。じいちゃん、ばあちゃん

瀬戸内国際芸術祭ポスター

は人生の達人でしょ。瀬戸内の平均年齢は七五歳ですからね。

西村　こちらがリスペクトすることが大事ですね。でも、行きにくいところばかりですね。

北川　人口の減り方は妻有なんてもんじゃないですよ。子どもが高校生になると一家をあげて島を離れて本土に移住するんです。犬島は現在六〇人（精錬所のあった時代は四〇〇〇人だった）だけど、平均年齢七五歳、もう一〇〜二〇年先は考えたくない。もっとすごいのはハンセン病患者の隔離された唯一の島、大島ですね。ちょうどこの前、人口一〇〇人を切ったんですよ。全員、子どもがいないわけです。ハンセン病は伝染病じゃないとわかって、まったく故郷に帰れるんですが、やはり帰れないですよ。みんな大島で死にたいと思っている。だから、入所者たちは一〇〜二〇年後も島で何かが行われているという実感がもてればうれしいというんですね。若い人たちが来て何かやってくれると、もしかしたら二〇年後も島は大丈夫じゃないかと希望がもてる。アートってそのくらいあってもいいじゃないかと思うんですよ。今、妻有では恒常的にぼくらが行って産直などの地域活動を行っているんですが、大島でもそのようなことが起きてくると思いますね。

編集　過疎の山村と離島という現代日本のもっともシンボリックな場所で芸術祭をやることになるわけですね。

北川　いろんなところから声がかかるけど、そのようなところでちゃんとやりたいと思います。壁は高いから、そこでやれれば普遍性が少しは見えるかもしれないと思ってるわけです。大阪でも橋下知事がやめると言い出してたいへんでした。腹が立ったけど、知事は美術で楽しい思いをしたことがないんだろうから、楽しい思いを経験してもらおうと思いましたね。開催してみて中之島にたくさん人が集まったので、水都大阪をやれたのは、妻有で猛烈に反対した人たちとやった経験があるからです。そんなのでだめだって言ったら、こっちが説得できないからやめることになるんです。たとえば杉浦明平が『ノリソダ騒動記』に地元を説得できなかったと書いていますが、説得できないのは与件じゃないかと思っているわけですよ。その中でどうやるかしかないのに、これまでの運動は啓蒙なんですね。わかってくれないからっておしまいにする。妻有でいえば一五〇〇年の歴史があるところで生きてきた住民たちは、簡単に説得されるくらいヤワじゃないだろうと思いますね。きわめて保守的なじいちゃんが、ぼくは偉いと思うものね。

西村　しかし、それはなかなかたいへんですね。今日はありがとうございました。

［対談者］**北川フラム**（きたがわ　ふらむ）　アートフロントギャラリー代表。新潟県立高田高等学校、東京芸術大学美術学部卒業。アートディレクターとして国内外の美術展、企画展、芸術祭を多数プロデュースする。一九九七年より越後妻有アートネックレス整備構想に携わり二〇〇〇年から開催されている「大地の芸術祭　越後妻有アートトリエンナーレ」では総合ディレクターを務める。

註

★1　「水都大阪二〇〇九」は、二〇〇九年の八月二二日から一〇月一二日まで、大阪市内を流れる水の回廊（大川〜東横堀川〜道頓堀川〜木津川）を中心に、アートイベントや橋梁ライトアップ、水上カフェ、川床などが展開された。

★2　瀬戸内海の島を舞台に開催される現代美術の国際芸術祭。副題は「アートと海を巡る百日間の冒険」。期間は二〇一〇年七月一九日（海の日）から一〇月三一日まで。会場は直島、豊島、女木島、男木島、小豆島、大島、犬島、高松港周辺。北川フラムさんは総合ディレクターを務める。

2　次のステージに立つ「地域」　森まゆみ×西村幸夫

地域雑誌『谷中・根津・千駄木』が昨年八月、九四号で終刊となった［★1］。まちの歴史や文化を掘り起こしながら、谷根千という地域のコミュニティを見つめ直し、地域そのものの社会的な価値を二〇年以上も世に問うてきた。乱開発反対や建物保存の先頭にも立った。今、全国各地でそれぞれの価値の掘り起こしが行われ、新たなる地域づくりへのステージが生まれようとしている。谷根千の活動に一つの区切りをつけ、東北の小さな町で畑づくりも始めた森まゆみさんに、改めてこれまでの取組みを聞いてみた。

地域には宇宙がある

西村　谷根千のスタートは？

森　私は、七九年に結婚したんですね。子どもが産まれて、その子を抱いてまちを歩いたら、意外に面白いんです。それは中学三年生のとき、朝倉彫塑館を見つけ、大学時代にそこでアルバイトして、それが伏線となって谷中に興味をもつようになっていた。谷中、根津、千駄木の中でも、自分の興味の中心は、谷中だったと思いますね。お墓が好きだから、お墓の調査なんかしていた。

そうしているうちに、どんどんまちが消えていってしまう。小説を書いても、写真集を作ってもよかったんですけど、まちの様子を残したいと思って。だから、『谷中スケッチブック』（ちくま文庫）を書いたのが最初。これを執筆していくうちに仲間ができて、一冊本を出しただけで終わっちゃうんじゃなくて、まちの古いものを残すシステムか、みんなと楽しく暮らす仕組みができないかなと思っていたら、それに山崎（範子）さんが反応してくれて、妹（仰木ひろみ）に繋がったから、三人で地域雑誌を始めたんですね。

西村　面白いのは、森さんは文学少女のようなところがあって、鷗外や一葉のような作家に取り組んでいる面があると思うんですけど、他方で地域にも関心をもって、活動の場を広げている部分があるじゃないですか。

森　私は「文学・芸術は高校まででいいや」という感じだったから、大学は文学部ではなくて政治経済学部だったんですよね。狭い私小説的な世界は嫌になっていたから、もうちょっと社会を動かしているものに興味があった。でも革命のような少数の人びとが一挙に社会を変えちゃうようなやり方じゃあなくて、皆が少しずつ地域から変えていくようなやり方がいいんじゃないかと思ってね。

地域には改善してもらいたいことがいっぱいあるわけですよ。たとえば、学校の入学式でも、なぜ来賓は前列にいて父兄は後ろの席にいなければいけないのか、といったくだらないことも含めて、日本の形式主義、権威主義が存在するでしょ。そういうのじゃない地域をつくりたいなと思ったんです。

西村　世界全体を変えていくことと、今、森さんが言ったように身近な地域を改善するという二つのことがありますね。

森　そうそう、地域には無尽蔵な宝が埋まっているのに、まったく表面に出てきてないから、足もとを掘り起こすことから始めたんです。私たちはお金がなかったし、子どもがいることで地域に縛りつけられて遠くに行けませんでしたしね。

西村　女性が子どもを育てながら、いろんなことをやれる社会環境は日本にほとんどないでしょう。

森　だけど、地域雑誌を始めたら、地元に宇宙があり、汲めども尽きせぬ泉があってね、私は二九歳で『谷中・根津・千駄木』を創刊しましたが、四三歳になって海外に行くまで、二〇年間パスポートをもってなかった。海外旅行より自分の住んでいるまちの方が面白いのね。どこかの名所旧跡を見に行くより、地域のおばあちゃんの話を聞く方がはるかに豊穣でしたね。

地域を掘り起こす

西村　その頃、ぼくたちも地域調査にのめり込んで、動態保存とか、さまざまな新しいアイデアが生まれてきてね。

森　ちょうど同世代ですよね。最初お会いしたのは、私が『谷根千』を始めた頃で、西村さんはセーター着たお兄さん。先生という感じじゃなかったですね。

西村　まだ、助手でした。

森　『谷根千』の三号を持っていったら、森さんたちのやっていることは面白いと言ってくれて、たいへん励みになりました。

西村　地域を掘り起こすことには、地域全体の生活史を見ることと個人史を掘り起こすことがあって、双方のバランスをとる必要があるでしょ。『谷根千』には、両方がバランスよく盛り込まれていました。そもそも地域雑誌というのは、森さんが言い出したことですよね。

森　あの頃はタウン誌と言われていたから、「タウン」というのが、浅薄で嫌でした。

西村　ＰＲ誌とまったく違う発想でやらないと、掘り下げられませんね。

森　お金儲けのために出してくる情報には皆飽きていて、雑誌や新聞に同じようなことが取り上げられるのにも飽きていて、それに近くのことを知りたいという欲求が皆にあった。身銭を切って、住民の目線で、他のメディアに載っていないことだけを掲載したんです。逆に『谷中・根津・千駄木』に載せたことが他のメディアに取り上げられたことはあります。

西村　自らさまざまなネットワークを築き上げるパーソナリティの人じゃないと難しいですね。

森　聞き書きをするのに、赤ん坊を連れて行ったから、赤ん坊が地域と私たちのメディアになったわね。

西村　同じ地域の中で、こんなに長い間続いた理由は、調べていくといろんなものがあったということですか？

森　そうですね、芋づる式に宿題が増えちゃったから、話を聞くうちにいろんなテーマができちゃったから。

西村　雑誌のボリュームが限られているから、編集がたいへんだった？

森　最初は専念してやっていたから、聞き書きの量が半端じゃないの。それを三二ページに編集しなければならなかったから、最初の二〇号までは、今見ても良い出来だったと思いますよ。

西村　内容が凝縮されてね。

森　そのうちしがらみが増えてくるんですね。今思えば、私たち買い物難民のお年寄りのお使いや宅配までやっていたから、介護事務所みたいでした。山崎さんなんて、雪掻きまでやっていた。取材で話を聞いたお年寄りから頼まれると断れない。お店の広告チラシのためにキャッチフレーズを考えたり、お見舞いやお葬式なども、どんどん増えていきました。

三人の誰が着てもいいように、フリーサイズの喪服も買って、付き合いのある人の葬儀には、全部出るようにしていました。香典がわりに、故人の掲載された号を何十冊か持参して式場で配って喜ばれましたよ。近影がないというので、遺影に使われた取材写真もあります。新聞記者が感心するほど、地域と濃密な関係が形成されるようになりました。

遡及的方法で地域を読む

西村　全国の他地域でも、それぞれの地域が深掘りをしていけば、それなりの地域雑誌ができるんじゃないですか？

森　できると思います。

西村　ぼくらも各地を調査して、あるときは、昭和三〇年代の団地に入って調査してみると、歴史が浅いので何がわかるのかと問われるんだけど、そこにも生活があるし、団地も徐々に変わっていくありさまが見られるんですね。人が住んでいる限りは、歴史があるしね。面白いものです。

森　古い歴史をもったまちが日本にたくさんある。町並みを調査する建築の専門家に言ったのは、何で間取りだけとって、生活そのものを調べないのかということ。調査には建築以外の歴史調査の研究者も来るけど、縦割りで分かれちゃっているでしょ。宮本常一みたいに能登や五島列島で行った九学会連合の学際調査のような調査に私が関われれば役に立つなと思いますね。

西村　確かに対象が同じでも、分析が分かれて、生活の全体像が見えない場合も多いですね。

森　大学の先生は、自分の得意なところに引き寄せて総論的な一般論を書くでしょ。地域の歴史でなくとも良いような話ですよね。

西村　自分の所属する学会向けに書くような場合もありますし、地域の人びとに読んでもらう内容になっていないですね。

森　その一方で、民間の郷土史家も物足りない。難しい古文書を解読するとか、やたら古いことばかりに特化したりして、今の暮らしに繋がらないでしょ。私たちの方法は遡り方式です。あなたの住んでいる場所は、以前は誰が住んでいて、その前はこんな人も住んでいたんですよ、と遡っていった方が、みんなにへえって興味をもってもらえるんですよね。

西村　地域の歴史を読む方法としての遡及的方法は大事ですね。現在に対する関心がないと、何が最初ということからだけで、始めることになりますよね。

森　高校の歴史も古い方から順にやっているから、興味がもてない。古代史からになっちゃうのね。

西村　歴史そのものが現代の微妙な問題は全部切り捨てているから、現在と切れているでしょ。特に、大きな変化が近代から現代には起こっているから、そこをどういうふうに見るかという、しっかりしたスタンスがないといけない。戦前については、どういうふうに見るかという見方は定まっているけれども、現在の問題をどう見るかという立場をきちんとしておかなくてはならない。

森　さっきのことに少し付け加えると、八潮団地（品川）で、まち遊びということをやった人たちがいたでしょ（『まちを遊ぶ──まち・イメージ・遊び心』晩成書房）。子どもたちが訪ねると、同じ間取りでも開けてみると全然違う色彩だったり、においだったり、相違が出てくるという遊び方は、すごく面白い。やり方を工夫すれば、団地や新しいまちでも何かできると思いますけどね。

西村　そのような住まい方調査もあるし、オープンスペースのあり方、集会施設の使い方も、さまざまで面白いですよ。

まちの相場を守って

森　私は何が嫌かといえば、歴史や文化を破壊して、開発志向で上潮路線で行くのが嫌なのね。

西村　開発者側は場面が変われば政治的スタンスも変わってくるけど、こちらが場所を中心にすれば、視点は変わらないよね。通りの生活の大事さから発想していけば、そんなにぶれないですよね。

森　まちにはまちの個性と歴史があるから、そういう場所をむやみにいじるのは良くない。根津の横丁をつぶして、大ブロックの高層ビルを造ろうとする行政の動きもあったんですよ。とんでもない話です。

西村　計画するとなると、突然、発想が変わる人がいますね。「つくるモード」になって。ただし、まちを歩いてそのスケール感が染み込んでいれば、建てる場合もあまり変なものにはならない。調査をしても、デザイン行為とは別だから、何の役にも立たないと言う人もいますが、すぐには反映しなくとも、頭の中で化学反応が起きて、このくらいが許容限度じゃないかというスケール感や中身に関するセンスが生まれてくると思う。まちのもっている許容限度があると思うんだけど、図面だけを見ている人間にはそれがわからない。

森　まちの文脈を無視した開発が良くないことは、西村先生に教わった「相場崩し」という、良い言葉があるけど、まちの相場を崩してしまうということなんだと思いますね。この地域の場合は、調べてみると一区画を同じ大工さんが作って町並みに統一感を出している。その相場が崩れるのは、良くないと思いますね。

西村　これは飛騨古川で出会った言葉です。地方に行けば、変化がずっと緩やかだから、自ずとその相場を共有しているといえますね。

森　かといってね、若い人たちの間でレトロが流行ってきているけど、レトロに甘い。『谷根千』の初期は、岡本邸、朝倉邸、平櫛邸、安田邸など立派な住宅を残さなければいけないという考えだったんですよ。そういう建築は公共的なかたちでだいぶ保存できましたよね。最初は大人が歩いて気持ちの良いまちで、年配の人が多かったんですが、ある時期から若い人たちが増えてきたんです。若い人たちにとって、こういうまちは懐かしいんじゃなくて、新鮮なんですよ。

西村　体験したことがないんだけど懐かしいような新鮮さ、ヒューマンスケール感、手触り感への選好なんだろうけど、それに傾斜すると甘くなるということですか？

森　本当の町家とフェイクの町家の区別がつかないのね。新建材を使ったレトロ風の居酒屋なんて行って感激したりして。本物を見る目をもっと養ってほしいと思うんですけどね。

西村　これまでは、団塊の世代がリードしてきたところがあって、その世代が現役の頃は競争社会で新しいものを開発していった。彼らがリタイアして開発の世論もトーンダウンしてきているんじゃないか？

森　だから、立派な屋敷のみ残そうというんじゃなくて、昭和三〇年代までも含めて、維持したい、住みたいと言う人が多くなっている。

西村　映画『三丁目の夕日』のような世界にね。

森　昭和まで歴史になっちゃった。

西村　あの頃は貧しかったけど、明るい未来を信じていた時代へのノスタルジー。

森　谷根千にも、留学生なんか、蔵の家や武家屋敷に住みたいという希望だったのが、そのうちに木賃アパートに住みたいというふうに変わってきた。家は貧しくとも、まちは良いから住むのが楽しい。まちの楽しみが保障されていれば、住まいは古いアパートでもかまわない。

西村　生活の部分がまちの中に出ていると考えればね。そう思えるまちかどうかで変わってきますね。神楽坂のようなところは、はじけ過ぎている気もするけど、よくやっている。

森　神楽坂はね……。

西村　今、まちが好きだという人たちが増えてきているでしょ。そのようなまちがパッチワークのように増えていけば良い。けれど、そうじゃないまちが、これからどう元気を出してもらうかがこれからの課題ですね。

森　一つの場所にのみ人が集まるのも変だしね。あるとき、松山巖さんが訪ねて来て、この辺の呑み屋が休みなもんだから諏方神社の向こう（荒川区側）に行ったのよ。そしたらガラッと雰囲気が変わるのに驚いていた。ちょっと行くと、いろんな問題があるからね。娘も山谷へ炊き出しに行ったりするけど、ここだけが良いのは物足りなくもあり、罪深くもあります。

西村　震災復興による区画整理によって東京のまちは変わってしまった部分も多いしね。

森　東京の場合は戦災にあって個性のない、抽象的なグリッドのまちになっている場合が多いし。焼けなかったから、いい先輩が守ってくれるからと言って、独り勝ちになりたくない。

西村　和風の居構えが評判になるなど、どこでも店一軒のレベルからヒューマンスケールを取り戻そうという動きが起きていると思うんですよ。

森　谷根千の地域が評判になって、後追いで皆さん入って来るけど、お店でも空き家の物件が少ないんですよ。谷中銀座は空き店舗が一軒もない。そうかといって家賃は高くない。谷中には見知らぬ金持ちに貸すよりは、気にいった人に安くという家主さんがいるんです。だから、自分のやりたい仕事をしながら住み続けることができている。今のところは、夢をもっているアーティストの卵が小さな店舗を借りているんです。

西村　そういった小さな店舗を地域で支え合うことはあるんですか？

森　いろんなグループが積層して活動してますしね。毎年、芸工展では、アーティストたちが展示場所を借りるために体当り交渉でやっている。それが楽しいんですよ。

西村　先日、台湾と韓国の研究者とここでワークショップをやったんです。路地が分かれていて、入ると全然様子が違ったりするでしょ。その多様性は台湾にも韓国にもないと、彼らは感心してましたね。特に木造住宅が今も作られていて、半数以上の人が住んでいる。そのこと自体が驚きなんだね。

森　この二六年間、相当大事なものが喪われましたけど、谷根千を止めた今、いちばん誇りに思っているのは、次をやってくれる人たちがこれだけいるっていうことなんですね。

西村　谷根千工房の活動によって地域がイメージをもてましたね。

森　一方、谷根千歯科とか谷根千接骨院とか、谷根千冠がついたものも、いっぱいできたです。私の知らないところでいろんなことが動いていて、フォローはできていないですね。

西村　地域が次のステージに行っているという感じかな。なるほどね。地域の掘り起こしが地域づくりの出発点になるんだということですね。

森　一過性の思いつきでイベントやっても長続きしないわけで、イベントをやる場合でも、必然性のないことはやっていない気がするの。いろいろな動きが起きるようになったのは、柏湯さんが廃業のため取り壊されることになって、銭湯の建物を活用して現代美術ギャラリー「スカイ・ザ・バスハウス」がオープンした頃からかな？『谷根千』を始めた頃は、芸大が近いのにギャラリーが一つもなかった。それでギャラリーを開こうということになって、「下駄の音」という名称で呉服屋さんの店を活用して始めたんです。それが、今では一〇〇軒ぐらいある。この辺には本好きの人もいて、一箱古本市「不忍ブックストリート」なんて、いろいろなスポットで開催しているでしょ。

地域のネットワークへ

西村　森さんも全国のいろんな場所にネットワークがあると思うんですが。

森　聞いていると東京に来たら、この辺を歩きたいという。神楽坂も向島も行くでしょうけど、この辺を歩いて下町情緒を味わいたいという人が増えているんですね。私も由布院（大分）、七尾（能登）、島根といった地域と濃く付き合っているんです。島根は出雲の農民、佐藤忠吉さんをどうしても書きたかった（『自主独立農民という仕事』バジリコ）。

西村　それはそういうところに光を当てるということですか？

森　光を当てるというより、私たちの生存は農業に懸っているわけだから、子どもが産まれたときから、食物にずっと興味があったし、農業の自給率が三八パーセントでしょう。日本の未来は危ないなと思っていて、農業や漁業について書くようになって、レパートリーが広がりましたね。

西村　丸森（宮城）で畑を作られているけど、そういうことと繋がっていますか？

森　繋がっています。お互いに支え合わないとだめでしょ。

西村　都市は農がないと生きていけないし、農村もこれからは都市的なものがないと生きていけないと思うんです。だから、双方が支え合うような仕組みを作っていかなくてはならない。あるまちや人がどこかの地域を支える。その地域の人は都市的なものを楽しんでね。

森　由布院や七尾、鳥取の鹿野の人なんかも、そういう交流があります。もっと増えれば良いと思いますけどね。田舎と都会の関係は対立じゃなくて、都市の人たちは田舎の現実をもっと知らないとね。

西村　田舎の自然は、そこに住んでいる人だけで責任をもつべきだとなると、対応が限られるしね。

森　逆に今、里山で暮らしたいという若い人たちが多くて、そういう人たちがどうにか暮らせるシステムを作れると良いですね。

西村　お金を使わないで暮らすにはどうすれば良いか。そのような暮らしの価値をちゃんと示すことが大事だと思うんですよ。

森　私たちなんか良い例で、ほとんどお金がなかったですからね。母子家庭の平均収入しかなかったのに、三人ちゃんと育ったんだもんね。壁に欲しいものを書いて貼っておけば、誰かが持ってきてくれました。一人は私が建物見学に連れ回したせいか宮大工になりました。

編集　市場経済システムだけじゃなくて、昔からあった互酬経済システムを地域社会の中に復活させれば良いのかもしれませんね。

森　カナダのホーンビー島（Hornby Island）というところに行ったんですよ。ヒッピーが移り住んでいるヒッピーアイランドの一つで、島にはリサイクルが整っていて、まちのいちばん良い場所に不用品交換市場ができている。下着や便器まで置いてあるんです。私も服をもらいました。谷中でも、子どものものは靴下や下着しか買ったことがない。

西村　それはソーシャルネットワークができているからで、それを復活させれば良いんじゃないかな。日本でも、フリーマーケットは各地で開かれているでしょ。

森　谷根千地域には、自転車の行商「ながしの乙女」があって、手作りカバン、古本、菓子なんかを行商しているんですよ。別な人は、アクセサリーを作っては自分の胸をショーウインドーにして売っている。江戸時代の棒手振《ぼてふり》や行商に近いものがあるよね。

西村　それはユートピア的ですが、他の地域でどのくらい可能性がありますか？

森　それは私たちも、時間をかけてやってきたことだから……。

西村　今は一〇〇か所あるギャラリーも以前はゼロだったのを、地域めぐりができるように作って来たからですよね。

森　最初はどこに何があるかも、わからなかったものね。

編集　森さんのネットワークだけでなく、地域相互のネットワークが広がるといいと思いますけどね。

森　奥会津のからむし織を販売したら、お婆さんがしばらくじっと品定めをしてからたくさん買っていったり、生産地では高くて売れないものも、良い物だとここでは売れます。

西村　そのようなものづくりの販売ネットワークがまちにできるといいですね。

森　出水市（鹿児島）の藍染作家が販売場を出したり、大島紬も相当な売上げでしたよ。

西村　不特定多数の客ではなく、良い客を選んで、日本中にネットワークを作り、ここで販売できそうな気がするね。谷根千が地域のメッセ会場になって応援してあげればいいですね。

編集　本日はありがとうございました。

［対談者］　**森まゆみ**（もり　まゆみ）　一九五四年東京都文京区動坂に生まれる。早稲田大学政経学部卒業、東京大学新聞研究所修了。出版社で企画、編集の仕事に携わった後、フリーに。地域雑誌『谷中・根津・千駄木』の編集人。現在は、谷根千〈記憶の蔵〉を運営、これまでに収集した地域資料のアーカイブをつくっている。

註

★1　終刊後は「谷根千ネット <http://www.yanesen.net/>」に引き継がれている。

3 ―― 計画からマネジメントへ ―― 広原盛明×西村幸夫

長年に及ぶ神戸市真野地区のまちづくりへの支援や京都市長選への出馬など、行動する学者として知られる広原盛明さん。まちづくりや都市計画に、豊かな批判精神で鋭い発言を続けてきた。一方、京都市を中心とする地域の状況にも大きな変化が起こりつつある。開発中心の都市計画から地域資源を重視するまちづくりへと市民意識が転換し、京町家の町並みを重視する新景観政策が施行されるなど、まちづくり行政の変革期を迎えている。広原さんは、この底流にある地域社会の情勢を分析し、その動向を無視した現在の都市計画改革論議に警告を発する。

京都の変貌

西村　広原さんは京都市長選にも出馬されるなど、地域のまちづくりに熱心に取り組まれてきましたね。

広原　この数年間で京都の世論環境はかなり変化したと思うんです。市長サイドから繰り返し提起されてきた規制緩和によるマンション開発に対するダウンゾーニングなど、どういう契機かは知らないけれども、意識の劇的変化がここ数年間に起こった。

西村　それは開発志向から、町並み環境を考えるようになったということですか?

広原　そうですね。バブルの後遺症は地域によってかなり差があったと思うんですけど、京都はかなり深刻だったと思うんです。地価の上昇率と下落率が全国でトップなんですね。これは京都の土地が投機の対象になったということで、その後遺症があくどいマンション建設に結びついたことから、京都の資産価値を損なうと地元の資産家や経営者たちが認識したと聞いています。彼らが参加した京都商工会議所における議論で、「京都ブランド」をもたないと世界市場へ乗り出していくのは難しいという指摘が出されたのですね。大阪の場合は東京に進出してから海外に出るが、京都の場合は直接に世界へ進出したい。そのときに、自分たちの商品や技術のバックボーンとして「京都ブランド」を確立したい。外来資本の投機対象になって京都の価値を下落されるのは非常にまずいのじゃないか、という判断がパブル崩壊後に急速に出てきたのです。今までの開発反対は市民サイドからだけだったのが、企業の経営者側からの意見も加わって急激な変化が可能になったということです。

西村　広い意味でのエリア・マネジメントのようなものですね。エリアの価値が下落すると、企業の価値も下がってしまうという。

広原　だから、観光産業ということだけじゃあなくて、全体の企業が世界市場に進出する可能性に気づいたということではないですか。

西村　規制強化を甘受しても京都ブランドの確立が大事だと思ったということでしょうか？

広原　それはね、京都の経済界を主導するハイテク関連の製造業にとって、都市計画の規制強化はあまり関係ないからなんですよ。

西村　それが三年前の京都市における新景観政策を支えたということですね。京都新聞が世論調査をしたら八割が賛成してくれたというのは大きいですね。これまでは、だいたい賛成・反対の意見が拮抗する。住民は、資産保有者でもありますから、所有権を制限する規制強化には反発が生まれて、賛否が拮抗するものですが、京都の場合は賛成が圧倒的多数でしたからね。

広原　高度成長期には、京都の老舗の旦那衆の夢は町家をビルに建て替えることだったんですよ。大阪にも立派な町家が戦後すぐの時期には残っていたんですが、近代化の中で近代的なビルをもちたいという気持ちが強かったんです。大阪は経済力があるからビル化が進みましたが、京都の場合は建て替えられなくて残った。だから当時は、古い町家のままのところは、景気が悪いと評判が悪かったんですよ。景気のいい商家は皆建て替えた。しかし、高度経済成長期から経済のラウンドが回って、バブル期になって建て替えられなかったところが土地を手放した。それが世論の反発をくったんですね。京都人は開発にうるさいっていわれますね。それが町家の建て替えを遅らせた。そのうちにバブルが崩壊して地価が下落する。土地持ち家持ちは、高容積にして開発する道を進むか、ダウンゾーニングを受け入れて町並みの価値を維持するか、選択を迫られたと思いますね。そこで、従来の不動産開発では問題があると逡巡していたところに、先ほどのハイテク製造業を中心とした世界進出の話が起きた。だから、あのような転換ができた。

西村　京都の方向性が定まったわけですね。定着しましたか？

広原　でも一つ波乱要因があって、町場の工務店が賛成しなかったんです。それは町家の建替えといっても、厳しい制約があるため、彼らは市役所へのデモをやって反対しましたし、京都新聞にも意見広告を出して運動した結果、京都市は結局妥協したんですね。大規模建築物には厳しくするが、町場の小規模建築物には妥協したので、工務店は賛成に転じた。というのは、マンション建設が抑制されるため、町場の一般住宅の建替え需要が増えて、自分たちの商売ができるようになったのです。

西村　というのは、ダウンゾーニングが必ずしも高密度な都市居住を否定しているわけではないんですね。低層でも高密度な住み方ができるんだという方向に動いていったわけですね。

広原　家族規模が小さくなり、高齢化が進んでくると、向こう三軒両隣の長屋がいちばん住みやすいですよ。平面移動で、バリヤフリーですしね。それをなぜ高層マンションに住まなくちゃあいけないのかという問題があったのを、もとに戻したということです。

西村　長屋住まいとなると、プライバシーの考え方も、住まい方も異なってくるから、プランニングに対する考え方も違ってきますね。

広原　京都の場合は。住まいと住み方はセットですね。西山夘三さんに、それは「住み方の礼法」だと言われたけど、京都市で住むには住み方のソフトをもたなければならない。「見て見ぬふり、聞いて聞かぬふり」というのが、住み方の原則なんです。

西村　それは現代の住宅でも同じなんですか？

広原　同じだと思いますね。京都の稠密な市街地に住むにはそういったマナーやエチケットがないとトラブルが起こると思うんです。その極意が火の用心なんですよ。住むためのセキュリティですからね。京都の場合は、面積あたりの、あるいは一人あたりの火災の発生率が他の木造密集地域よりも低いですよ。その理由はものすごい火の用心に対する注意があるわけですよね。火を出したら七代経っても付き合ってもらえないと言われてますよ。

市民と行政の関係

西村　行政と市民の関係は京都の場合どうなんでしょうか？　行政が先進的にまちづくりをやるため、市民側に主体性が育たないとか。逆に、市民が中心となってノウハウも市民側に蓄積されている場合とか、両者の関係でいろいろなタイプがあると思うんですけど。

広原　神戸と京都ではまったく市民のタイプが違うんです。神戸でね、神戸市長と商工会議所会頭と神戸大学長で誰が偉いと聞くと、一〇〇人中一〇〇人が神戸市長というんです。神戸の場合は役人が優秀で役人が偉いんですよ。神戸の施策は新しいし、リベラルだし、近代主義なんだけど、でもそれは民主主義のない近代主義でしかない。だから神戸でできるまちづくりの施策は全部市役所が考えるものなんです。市民の意識レベルはそれほど高くない。対抗できるのは真野地区ぐらいでね。市役所はその真野地区を市民参加のショーウインドーとしてうまく使ってる。ところが、京都は役人の地位がそんなに高くないんです。京都市民は京都市役所の局長でもあまり偉いとは思っていない。神戸は絵に描いたような都市計画をどんどんやるでしょ。ところが、京都は国の補助事業をもってきてもやれなかった。役所の権威がそれほど高くなかった。ところが今、京都の役人に対する評価が高いんですよ。派手な開発はやらないけど、丁寧なまちづくりをしているというので、外人にも評判がいい。たとえばそんな細い路地の奥でもきちんと舗装しているとか。

しかし、役所でプランを作って指導して市民を引っ張るということは難しい。それは住民の合意がないとできない。ところが、どこで合意をするかが悩ましいところなのです。元学区以来の強固な自治組織がありますからね。これはすさまじい組織でね。革新勢力が束になっても崩せない保守の牙城です。町内会があるでしょ。さらに町内会連合会があって、地域の核になっているんですね。そこに体育振興会、青少年補導委員会、地域女性会、老人会、社会福祉協議会など各種団体が結びついて、今流行の包括的自治組織で、全部自治会を通さないとまちづくりはできない仕組みになっている。

西村　今、地域組織を作りたいと各地でやっているけど、京都にはすでに以前からできていたというわけですね。

広原　壊したいと思っても、壊せない。さらに地域消防団がものすごい密度でできている。火災から地域を守るのは、近代消防だけじゃないんです。

西村　保守的な組織である一方で、コミュニティを安定させるプラスの効果もある。どういうふうに町内会を評価しますか?

広原　革新団体が地域を変えていくというときに、町内会をどうするかという戦術がもてないですね。今までは、強固な地域組織の外側に運動団体を作ったわけです。行政と直接交渉して一定の成果を上げた。地域組織と一緒に運動するということにはならない。急激な変化にはものすごい抵抗を見せる組織ですから。

西村　だからこそ高層マンションが建たない町並みを守るには大きな役割を果たしてきたわけですね。

編集　それはかつての京町衆の自治を受け継いでいるわけですから、それとの連携は大切ですよね。

西村　関西の中では京都は特殊なんですか？　ほかにも近代化されないで残っている地域があるのでしょうか？

広原　だいたい関西はどこでも同じだと思いますよ。ただし、行政との力関係でね、ハイお受けしますと動くかどうかですね。京都のようにプライドが高い町はなかなか行政のいうとおりにはならない。だけど下手からもってこられると弱い。京都市は下手からいくんですよ。基本的には行政の方針に乗せますが、ただ時間がかかる。そうすると、開発のスピードについていけない。

西村　そうすると開発のスピードが速い場合には対応できないけど、そうでない今日のような時代には大丈夫なわけですね。

広原　今後、開発のスピードが落ちて、漸進的な方法が採用されるようになると、そういう手法にはなじむ地域ですね。

小学校とコミュニティ

西村　現在、全国の地方都市の中心市街地における人口減少がひどいですが、京都はその辺はどうなんですか？　きちんと対応できてるわけですね。

広原　京都市でも、小学校の統廃合が進んでいますね。でも、その統合するときの方法に特徴があって、人気のある学校にする。たとえば、小中一貫校のような。

西村　教育で人を引きつけるようなことですか？

広原　教育政策と都市政策が結びついている。市長が全部、出身が教育委員会ですよ。教育を材料にして都市の空洞化を抑えるというのは、なかなか効果があるんです。

西村　もともと京都は学区を作ったときから市民の浄財で立派な小学校を作っていますよね。

広原　教育に対する価値観が高いんです。だから、学生が大事にされる。大阪に調査に行くと、こんな忙しいときにと門前払いですけど、京都では学生さんが来はったから協力してあげないといけませんねと対応してくれる。教員や学生、大学に対してものすごく親切なんですね。だからまちづくりで学校をコアにして再生するのは、非常に巧妙であり、的を射ている。

西村　東京近郊でも、古い町並みじゃないですが、幕張ベイタウンの開発では実験的な小中学校を作ってオープンスクールを取り入れて、斬新な建物に優秀な教員を集めて実験校にしたんですね。それが人気でここに住みたいという住民が集まっているんですね。

広原　教育による対応が都心の空洞化にいちばん効果的だと思いましたね。人が住んで子どもが学校に通うようになったら、地域は生き生きとしますよ。

西村　通学路をコモンズのように皆で支えるとかね、通学路は子どもが毎日行ったり来たりするから小さい頃のふるさとの景色はそこから生まれるように周りできちんと対処するとか、それによってコモンズを育てていくベースになると思うんですよね。

広原　それは現代のインフラですね。

西村　そういうのが大きな核になって次のまちづくりがなされる。

広原　だから飲み屋での談議ではね、京都の学閥は小学校閥なんですよ。小学校から同じ地区に住み続けていて、他所に出て行かない。東山区の職人町に行ったらそのようなコミュニティがすごいですよ。

西村　東京だとね、それがあるのはたとえば日本橋室町あたりで、やっちゃ場（青物市場）のあったところですけど、道が狭く建て込んでいて安定したコミュニティがあるんですね。そこはまだ、お年寄りになっても同級生同士が○○ちゃんなどと呼び合って、付き合っているんですが、ほかではあまり聞かないですね。

広原　京都には全市的にそんな付き合いがありますからね。ただ、一時期郊外開発ブームで子どもたちがいなくなり、地蔵盆のときに子どもたちを呼び寄せるということも起こっているんですが、小学校のコミュニティはすごいですね。本当にびっくりします。だから、地縁血縁で結びついている京都で選挙に出るというのはたいへんですね。戦後の変革期に東京から来た蜷川虎三さんが京都府知事になりましたが、京都市長は高山義三さんをはじめ、ずっと京都の人ですね。

地域タイプに応じた自治

西村　そうすると、日本の中でそうした京都の特質をどうとらえればいいですか？　ある種のモデルになり得るのか、それともここは特殊なのでしょうかね。

広原　特殊ということじゃあなくて、一つのタイプだと思います。かなり洗練度の高い都市の一つのタイプです。ほかにも東京のようなタイプとか、いろいろあると思いますよ。

西村　ということは、現在、地域主権といわれていますが、一色で仕組みを作ったり権限委譲するよりも、地域のタイプに応じたような自治（ガバナンス）のあり方があるということなんですかね。

広原　地域主体制に関するものをいくつか読んでみたんです。制度設計に皆さんの関心があるようですが、問題はどこまで制度設計するのかなんですね。計画でいえば、計画し過ぎるということにも弊害があるでしょ。だから、あまり計画し過ぎない方がいい。ぼくの理想は「計画なきプランニング」で、みんなが自然に住むこと自体が都市の秩序そのものを維持できるような状態が好ましい。法律や制度による規制ではなく人びとのルールやマナーなど都市の文化的な生活様式自体が都市を制御していくというか、それが理想だと思いますね。それがないからある程度制度化によって括らなければいけない。でも括るのにも程度や限度があるんです。いったいどこまで括るんですか？　皆括ることに必死になってアイデアを出している。

西村　多分、東京で議論していると、コミュニティの前提が隠れちゃうんですよね。そもそもコミュニティがないという前提で、かたちを作っていけるかと考えてしまうんじゃないでしょうかね。

広原　確かに肝心のところは景観規制しなければ、開発による景観の破壊は止まらなかったわけだし、法律で規制しなければならないということは法治国家である以上当然のことなんだけれども、地域によってコモンルールのレベルが違うんだから、京都ルールがあって、東京ルールがあってもいい。そうすると、地域によってどこまで括るのかということ、また民主主義の問題として行政が一律に上からかぶせていいのかという問題が必ず起こってくる。

西村　まちづくりに関連している人たちが、多様なコミュニティのあり方が地域によって異なるということをあまりイメージしてないかもしれませんね。自分が育ったところと今いるところと二か所だけでね。さまざまな地域に入ってみれば一律じゃないっていうことはわかりますよね。多様な地域への関心が薄れてきているのじゃないか。その結果が、過度な制度論にいくとか、法律の仕組み論にいくとかになってしまうのかもしれませんね。欧米の場合も、日本から比べるとコミュニティの移動が激しいところがあるから、特にアメリカはそうですね、そうした欧米での議論に過度に反応し過ぎたところがあるのかなという感じもしますね。

広原　ぼくらの時代もフィールドワークをやったし、今の若い人たちも参加のまちづくりで地域に関わる機会が多いから、多様性についてけして等閑視しているわけではないと思うんだけれど、そのフィールド・レポートを見ると最終的な結論を一般的な制度設計論にもっていくのね。従来の都市計画制度のもとでは作れないような計画を立案するためには計画の制度を変えなければならないという意識が強いんだと思うんですね。

西村　今の時期、都市計画制度の抜本的見直しなど、制度を変える議論が多いわけですよね。制度的に不備な面を大きく改正する必要があるところとか、都市と農村の制度は違ったままでいいのかとか、大きな問題に直面しているところがあるんですよね。

広原　ぼくもそうだと思いますけど、地域の現実を見たときに制度だけをいじって果たしてうまくいくのかなと思いますね。

西村　ワークショップなどが盛んになっていて、近い将来に討議型の合意形成が可能になるんじゃないかという希望的観測が若い人たちにはあるんだと思うんですよね。それは東京だったら可能な特殊なケースで、地域では今はそんなことというけど、これまで何をしてきたと昔を知っている地元の人びとは意見のみでは賛同してくれませんよね。討論だけでなくて、全人格的にいかないと地域に受け入れてもらえない、という問題が地域社会の中にあると思うんですね。こうした場面で透明で民主的な議論ができれば自ずと結論に向かっていき、それが民主主義を深めていくんだという暗黙の希望的観測があると思うんですね。それが今日おっしゃったような京都のコミュニティの現実からすると違いますよね。

社会状況と制度論

広原　ぼくは制度設計論も有効な局面があると思うんだけれども、問題の掘り下げが足りないんじゃないかな。政策とか制度は問題を解決するためのツールですからね、この問題にはこのツールを使えば解決するというように、問題と制度と成果は三位一体で評価すべきです。ところが、制度を変えれば問題が解決するみたいな、制度から問題を見ているみたいな逆立ちの議論が非常に強いと感じているんです。問題は、それほど簡単じゃあないですよ。特に、現在地方都市が抱えている問題だとか、市町村の抱えている問題は非常に深刻でしょ。

西村　それは制度に問題があると思っているわけですよ。もっと奥に問題があると、長いコミットメントがないとなかなかそこに到達できない。手早い問題解決が求められている結果、長期の定点観測的なアプローチが希薄になっている面があるのかもしれませんね。

広原　都市計画学会の基本的な体質がそういうところに焦点をしぼるばかりだから、もっと深いところは他の学会がやってという役割分担はあると思うんですけど、これから予測される地域社会の状況は、これだけの議論では対応できないんじゃないかな、と思いますね。

編集　研究者や専門家が行政のために知識や技術を提供するだけじゃあなくて、住民を支援する体制を形成すれば地域の実情に沿った深い分析や提案が可能になるんじゃないですか？

広原　それはしんどいですね。

編集　でも、広原さんは神戸の真野地区でそれをやられたわけじゃないんですか？

広原　あそこを突破口としようと思ったですからね。しかし今、一つの突破口だけでは全体の局面展開は図れないね。大きな時代の転換期に来ているから。

西村　全般的な話となると制度論になっちゃうんですよね。突破口を深掘りしていくとそこに見えてくるものもありますよね。特殊にアプローチすることと普遍的に問題を見通すことが両方できないといけないと思いますけどね。前者がないと根無し草になっちゃうし、後者がないと現場それだけになってしまうから、双方からのアプローチで住民の声をより制度に反映することが必要だと思うんですけどね。

広原　ぼくは真野のまちづくりをやっているとき、同時にあのとき起こったアドボカシー・プランニングを知っていたら、もっと建設的なことができただろうけれど、そういうのがアメリカで生まれていることを知らなくて、真野だけやっていてどうにもならなかったという反省はもっています。しかしその一方、制度設計論が有効に機能するかどうかは、社会状況を押さえないとユートピア論になっちゃうわけね。地域主権論というのは、美しいけれど、ここに沖縄の都市計画をもってきたら地域主権なんて空理空論になっちゃうでしょ。名護市の都市計画で地域主権と言ってどうなるんですか？

そういう問題を考慮しないで、あたかも地域主権というユートピア的状況が来ましたよ、と議論が流れていくのはユートピア計画主義じゃないかと思います。

西村　沖縄だけでなく、権限が地方に下りてきても、地方にアイデアはあるかと問われますね。今までは、国による補助メニューがあるからそれへの選択ができたけれども、まったく政策メニューがなくて一括補助金によって自立して自分たちでやれるかとか、政治家の利益誘導を排除できるかとなると、対応できるところもあるだろうけれど、やれないところも多いと思うんですよね。そういう足腰を強くするような対策を同時にしていかないと、本当に危ういという感じがしますよね。

広原　この制度設計論の前段階に時代情勢に対する都市計画家としての読み方があればいいと思うんだけど、いきなり制度論に入っちゃうから浮ついた議論だなとひねくれた見方をしちゃうのね。

無力化する都市計画と地域マネジメント

広原　もうひとつ、これからの時代に都市計画という概念がどれだけ有効性をもっているのか、ということを考えなければいけない。計画に対するオルタナティブな概念としてマネジメントという言葉が出てきて、都市計画に対し地域マネジメントがあるよと言われている。計画という概念がものすごく有効であった時代があると思うんですね。都市が膨張してそれをコントロールしないといけなかった。しかし、都市が縮小し、衰退して、まだら状に荒廃していく。そのような時代に計画という概念で全体を覆うような制度設計論は果たして有効なのか。都市計画の時代が終わって次の新しい概念を考えなくてはいけないのではないかと思います。

西村　まさにそのとおりだと思います。都市計画は変化があるから必要なんですね。停滞しているときに計画といっても意味がない。だから今、さまざまな計画ツールの意味が問われているわけですよ。たとえば、用途地域制度がありますけど、用途地域をかけるのだって変化するという前提で誘導するわけで、何も変わらなければ用途地域をかけたって意味がないわけです。容積率があって、それを低めに抑えることで効果があるならいいですけど、つまり、容積率アップへの開発圧力があるから、政策的措置によるメリットが生まれるわけです。変化がないということだと、政策的な誘導によって地域は動かないわけですよね。今の都市計画のツールはすべて何らかの変化があるということが前提なんですよ。停滞・縮小の時代に何が有効かと言えば地域マネジメントによって少しずつ地域を魅力的にして他の地域との差別化を図っていくとか、積極的に地域を動かすようなこれまでとはまったく違ったツールじゃないと動かないと思います。その意味で言うと、基本的に大きく変えないといけないんですよね。

広原　今流行のコンパクトシティ論があるでしょ。国の審議会とかの議論を見ていると、コンパクトにするために中心市街地の線引きしてくださいというけれど、膨張するときは線引きが有効だけれど、今あるものを線引きして外れた地域にのたれ死にしろっていうのは、計画とは言えないですよね。だから、ぼくは近代都市計画がセットにしてきた経済と都市と人口の成長を背景として都市計画という概念が出、それによって制度化され、専門家も活動してきたという時代的な有効性は認めるけれども、そのコンセプトや手法で、これからいくら制度設計やっても機能しないんじゃないのか。地域や都市の問題の質が違ってる。成長型と衰退型の問題はまるっきり違うのに、衰退型の問題に対しても成長型の計画で対応しようとしている、という時代錯誤があるんじゃないですか。これをいちばん強く感じるんです。

西村　東京はまだ成長してるから、東京で議論すると、従来の議論が当たり前みたいになっちゃう。それが地方都市を見ればまったく違う。

広原　だから、こんなのでできるのか。やっても良いけど、役所の仕事が増えるだけで、まったく変わらないよね。

西村　今都市計画制度改革で採用しようとしている住民意見の導入も、みんなが知り合いの中で本音を本当に言うのかということがあるんですよね。ばらばらだということとなんですね。ばらばらだから多数決だって意味があるわけですよね。討議民主主義の前提は個人がばらばらだということとなんですね。ばらばらだから多数決だって意味があるわけですよね。ところが、ばらばらじゃあない社会、もう少しくっついている社会の中での合意の形成の仕方は違っているかもしれないですよね。その意味でも変えていかないとアメリカのように移民が集まってできた個人社会の論理で多数決により民主主義が育ってくるというのはちょっと違っているんじゃないかと思いますね。

広原　だから、これまで計画というユニタリーな構造で考えてきたのを、これからは重層的に考えて、一段階めに計画は必要だとしても、二段階めにはマネジメントというかたちで構築して、三層めはもう少しやわらかいものでやるとか、重層的な構造の体系を作ることにこそ、制度設計の意味があるんじゃないかと思いますね。現在は計画的な手続きと手法とボキャブラリーの豊富化とかというところでだけ議論が為されていて、もっと重層的な計画体系とか空間コントロール体系とか、そういうものが考えられないものかと思いますよ。

西村　性能規定のような考え方もあると思いますね。あるレベル以上までは地域マネジメントでやって、あるレベルを超えて赤信号が出たら都市計画制度を適用するとか。フローティングゾーンを設定することはあり得ると思うんです。そのためには安定型社会像を深く考えて、今の日本の都市計画のもっている限界（今の都市計画は都市は常に変化するという前提があるわけですが）を考えて議論することが必要ですね。

広原　今の民主党政権がどうなるか。片山元鳥取県知事をよく知っていて、ぼくも鳥取地震のときに支援に行ったり、講演をしてもらったり、ああいう人が首相になったらいいなと思ってた人が総務相になったんだけど、事態が流動的で移行期の段階で制度設計論をやるのは時期尚早じゃないかなと思います。むしろこういうコンセプトだったらこんな絵が描けるといういくつかのシナリオライティングをして、計画制度が成立する社会基盤との関係で制度を論じる方が有意義だと思うんですけどね。一つの前提で行くのは早いんじゃないかと考えています。

西村　先ほど京都の話で都市にはいくつかのタイプがあるということで、そのタイプをきちんと見ることで大枠も自ずと見えてくると思うんですけどね。その意味で地域に深く入って、力を養ったうえで大枠を見ることをまちづくりをやっている人間は今やらないといけないのかもしれませんね。

広原　自分の地域が立脚しているところからどんどん発言して、京都型、東京型、九州型といろんな地域からの提案がどんどん出てくるかたちになればいいですね。

編集　地域マネジメントが制度として導入されるとなると、各地域社会に結びついた提案を各地がすることになりますね。

広原　その可能性はありますね。

西村　現実にも、先進地域ではあるべき姿の萌芽が生まれているんだと思うんです。その萌芽をきちんとしたかたちで制度改革の大枠にしていくような肉づけを専門家としてやらなくてはいけないんじゃないかなと思います。

編集　結論が出たようです。本日はありがとうございました。

［対談者］**広原盛明**（ひろはら　もりあき）一九三八年中国東北部（旧満州）ハルピン市生まれ。京都大学工学部建築学科卒業、京都大学大学院工学研究科博士課程退学、京都大学助手・講師を経て、一九七一年京都府立大学助教授、一九八五年教授、一九九二〜九八年学長、二〇〇〇年から龍谷大学法学部教授、現在は同大学研究フェロー。

4 市民事業は前進する——林泰義×西村幸夫

林泰義さんは、都市計画プランナーとして、現代日本に乏しい市民参加の社会環境革新のため町田市、世田谷区（東京都）などの自治体や市民とまちづくりに取り組んできた。七〇年代後半からは、アメリカの市民参加理論や実践を紹介すると共に、八〇年代後半からはアメリカの衰退地域再生の前線で活躍する「まちづくり事業体（ＣＤＣ*s*）」等の仕組みを調査・公表した。九〇年代からは、地域再生まちづくりに深く関わると共に、ＮＰＯ法や自治基本条例の制定に関わり、制度面での充実も働きかけてきた。現在、地域がこれまでになく注目されるようになり、社会は大きな転換点を迎えている。しかし、未だ官中心の制度的な桎梏は根深く、さらなる前進が求められている。まちづくりにおける市民参加の歴史を振り返り、これからの進展について議論する。

市民と協働する専門家たち

編集　本日は都市計画の領域への市民参加の導入に尽力されてこられた林泰義さんをゲストに、その現状について論じていただきたいと思います。今、手がけていることはありますか？

林　沖縄の糸満にある中央市場は、もぬけの殻になりつつある市場で、おじいちゃんおばあちゃんがそこはかとなく集まってくるんだけど、店が歯抜けの状態になりつつあるのね。『季刊まちづくり』二九号特集に紹介してある鹿児島のマルヤガーデンズの例が参考になるので、担当者に見るように言ってるんです。マルヤガーデンズは七階建ての売り場の中に広場を作っている。平面に展開すれば、中央市場でも参考になりますね。今ね、龍環境計画の内田文雄さんと糸満の再開発計画を始めているんですよ

（糸満市再開発事業基本設計事前調査業務）。この地域マネジメント特集は、これを種に皆で議論するのにすごく良い。

編集　先日（二〇一〇年一二月一七日）、早稲田のまちづくりシンポジウムで真野洋介さん（東京工業大学）やマルヤガーデンズを手がけた山崎亮さん（studio-L）が登場してパネルディスカッションをしました。そこで注目されるのは「みかんぐみ」（建築設計事務所）や山崎さんのように、住民との協働を前提に設計する専門家が出てきたことですね。

林　それと不動産が大事なんです。大阪の空堀などのように、まちづくりにおける不動産の役割に関心をもって活躍している人が増えている。東京ではひつじ不動産やＲバンクなどがシェアハウスやコンバージョンを進めている。それからブルースタジオのように本格的にコンバージョンを手がけている事務所があるんですよ。

西村　不動産総合マネジメント業みたいな……？

林　それがね、大規模開発ではなくて地域の財産を上手に活かしながら若い人が……。

西村　規模が小さくて若い方も買えるような……。

林　シェアハウスはポピュラーになってきて、東京でも増えてるでしょ。そういう動きと建築家が組むと面白い動きになるんじゃないかと思うんですね。「大森ロッヂ」といってね、矢野一郎さんという人がオーナーなんです。お母さんがもっていた駅前の長屋をマンションにという誘いもあったらしいんだけど、それはやりたくないと、違った再生の方法を探していたらブルースタジオに行き着いた。建築設計・不動産とマーケティング・商品企画の専門家がペアになっているチームです。湾岸地域の空き倉庫などをリノベーションする達人で、リノベーションした建物に住まいだけじゃなくてＩＴオフィスなどを組み合わせてロフトとしてコーディネートしたりしている。けっこう、入居希望者のウェイティングリストができるくらい、人気があるらしい。それで、「大森ロッヂ」も、そのような方法でできるんじゃゃないかとなったんです。直接担当した設計者は天野美紀さんで、完成後に独立して「大森ロッヂ」に設計事務所を開設しているんだけど、なじみの大工さんに相談しながら古い木造建築を活かして再生した。木部は黒く塗って壁は漆喰塗りにした町並みに再生されて、三〇歳前後のデザイナーやＩＴシステム・エンジニアなどが入居しているのね。もともと長屋だから路地があるじゃないですか。その路地に縁台を置いたりね。それからちょっとした空き地には、矢野さんが自分のギャラリーを作ってね。オーナーとしての考えをもたなくてはならないと言って、この場をどのように楽しい場所にするかを工夫している。楽しみだけではなくて、経済的にもマンションにすると長期の投資計画になって身動きがとれなくなる。ぼくは以前にね、ある流通経済研究所の所長さんに聞いたことがあるんです。彼はどうして権利変換など全財産を投げ出すような計画を立てなければならないのか。程良い投資でリスクを分散するような投資が合理的だと言っていたんですよ。だから、矢野さんの話は我が意を得たりという感じでした。

西村　今までの開発は、大きくすることが善だから、制度的にも資金的にも規模を拡大するところにメリットがあって、そこに大手ゼネコンが乗る仕組みがあって、全体が再開発に突き進む仕組みになっていたわけでしょ。それ以外の選択肢ってほとんど何もイメージできなかったわけですよね。それがそのような時代じゃなくなって、足が地に着いた投資ができるようになってきたということでしょうかね。

林　矢野さんを見てると、あのようなオーナーがほかにもいるに違いないと思うのね。

西村　その方法だと大概の既成市街地に応用可能ですね。

林　矢野さんは、今もうひとつ、洗足駅（東京都目黒区）の近くでコーポラティブ・ハウスを手がけているようですけどね。

西村　特に地方都市なんかでは、駅の近くで相続がこじれ手がつかない土地があったりして、また知らない相手に貸すくらいだったら貸さない方が良いというので、塩漬けになっている不動産が中心市街地にどんどん増えていますよね。そのような場所がちょっと視点を変えて手を加えれば楽しい場所になって、それを面白がっている人がいるんだとわかれば、少しずつ転がっていくかもしれないですね。

まちなかに生まれる小さなコモン

林　大阪の中崎町は開発に取り残されたような町なんだけど、その中には不思議なお店がいくつもあって、そのありようは下北沢（東京都世田谷区）に共通したところがあるんですが、その一つに「コモンカフェ」という店を始めた人がいるんです。彼のシステムは三〇人集まってどこか場所を借りる。その三〇人が日替わりでそのカフェを使用する。ぼくが行った日は、「男装カフェ」とか言って、四人の若いお嬢さんが男装していらっしゃいませと言ってやってるのね。

西村　毎日、経営者が替わるんですか？

林　替わるんです。その人たちは別の仕事をしていて、月に一日だけやればいいわけ。だから重荷にならない側面がある。

西村　常時、コモンカフェには誰かいるんですか？

林　ずうっと居続ける人はいないんです。そういうコストはかけない。だけど継続してやる仕組みを作ってあって、バトンタッチしている。椅子やテーブルも、用途に応じて本箱が椅子に替わったりするなど、レイアウト変更しやすいように工夫してある。

西村　ほう。それは何かコモンを作ろうという意図があるんですか？

林　まちについて考える拠点にしていこうというのです。糸満にもね、そういうカフェやっている連中がいるんですよ。ただそれはコモンカフェのような日替わりでやっていないから、経済的にたいへんだと思う。

西村　今の日本の仕組みだと一人が全責任を負って失敗のリスクを負担しなければいけない。そこのところをディスクローズするような仕組みですよね。

林　『季刊まちづくり』二九号の地域マネジメント特集で真野さんは尾道の例を紹介しているでしょ［★1］。傾斜地に面白い小さなお店ができてきて、そこにNPO「工房尾道帆布」の店があるとかね。「帆布」は倉敷でもあって、そこに見られるような小さい店が各地に存在するじゃないですか。その中に「コモンカフェ」のような場所を作っておくと、クラブになって自然とさまざまな試みを誘発する種になるでしょ。真野さんは、小さいクリエーションをもとにして地域の中で自由な結びつきをフィールド化して、ある地域のイメージを作り出す可能性について論じている。

西村　そのためのLLP（有限責任事業組合）のような仕組みも整ってきたし、町家トラストのような試みが始まっている。確か、尾道もそうですよね。行政が空き家対策をしてもうまくいかないんだけれど、NPOが地主と借り手の間に立って調整がしやすくなる。

林　そのような試みのおおもとは森まゆみさんの谷根千の地域での試みにあると思っているんです。地域誌『谷根千』のバックナンバーを見ていると、地域の資源を発掘していくでしょ。お墓を調べたりして、あそこのまちの市民とはお墓に埋葬されている人も含まれる（笑）。

西村　先ほどのニューコモンの話もそうだけど、単に物理的な空間だけじゃなくてそこに住むことの面白さみたいなものを一緒に発掘していっているところがあるじゃないですか。どこだって掘り下げてみれば、そのような面白さがあって、地域にこだわることの意味がはっきりしますね。そのこととある小さなスペースの創造が重なるようになってきてますよね。今までの不動産開発では、いかに収益を上げるかだけで、周囲との関係がないところで計画したものが、もう少し広く地域との関係で見られるようになれば、地域マネジメントに結びつきます。それぞれの場合が、こだわりをもって活動してますよね。

林　だから、『谷根千』の場合は森さんが創刊するときに、タウン誌じゃなくて地域雑誌だというこだわりがあって、地域の宝物や人を探し出すことをやって、それが九四号（終刊号）に至る『谷根千』の姿勢を非常にわかりやすく伝えている。その結果、あそこは宝物のいっぱいあるまちだと皆に認識されるようになった。

西村　谷根千という言葉すらなかったのに、今やまとまった地域名として定着している。それくらいみんなの意識を変えているんですよね。

林　だから、まちづくりのアプローチとしても、地域雑誌を軸にして地域の資源を探し出している。安田邸とか、あの屋敷がなくなりそうだというと保存のために闘うじゃないですか。それから、東京駅の保存復原や不忍池地下駐車場問題とかね、それも合わせて活動しているから幅が広いよね。それから、写真家や写真家や画家が町並みの良さを表現して、発信するということがまちづくりのベースになることをよく示していて、活動開始してすぐにメディアとの関係を上手に作っているでしょ。あれは他の地域でも参考になる有効な地域づくりの方法だと思いますね。

西村　どこの地域でもやれるだろうと思うんだけど、昔からの中心市街地はどこの地方都市でも面白いですからね。

林　『谷根千』は地域雑誌としての表現力が抜群に素晴らしいから、なかなか追いつけないところはあるけどね。

西村　「大森ロッヂ」のように建築不動産専門家が軸となってアプローチするようなこともできますよね。

林　谷根千の場合は、まちづくりグループの谷中学校を作った手嶋尚人さんや椎原晶子さん、もともとは東京芸大の前野まさるさんが活動していて、大学の役割というのは大きいよね。彼らは建築専攻だから町家をギャラリーにしたり、古い銭湯を美術ギャラリー（スカイ・ザ・バスハウス）に支援したりしてますよね。

西村　大学がまちなかに研究室を設けるのは増えてきましたね。彦根でも花しょうぶ通りで滋賀県立大学と滋賀大学合同の研究室を作って拠点になってますよね。ああいうものが各地で増えてますね。

林　それから学生が地域に出てくると面白いし、一年で卒業していくけど、居つく学生も出てくるからね。

西村　一、二年でもいると地域の雰囲気が変わりますよね。

林　ぼくに言わせると、就活をやっているより、まちで経験積んだ方がよほどあとあと素晴らしい。筋力トレーニングやっているようなもので、二年間まちづくりプレーヤーとしてやると、プロになる最初のスキルが身についてくる。

西村　インターンみたいなものですね。地域の商店街の人びとにとっては、子どもや孫が来たようなものだから、その意味で接することができますよね。

市民事業を支える仕組み──融資

西村　以前、林さんはNPO活動を支援するための融資の仕組みなどについて言われていたでしょう。周りで地域活動をサポートするような仕組みが必要だと思うんですよね。

林　今、NPOバンクと言っているのが一二ぐらいあるんだけど、ぼくはその一つの東京コミュニティパワーバンクに関わっているんです。お役所がどうしたからじゃなくて、自分たちで作った融資の仕組み。東京コミュニティパワーバンクは生活クラブ生協が所属する生活クラブ・グループが立ち上げた市民事業に融資する仕組み（コミュニティファンド構想）として二〇〇三年にできたんですよね。NPOバンクによって各地で市民の事業に融資が行われ、わずかなお金で回転し始めてるんです。その資金を繋ぎ資金として利用することで成り立っている市民事業がたくさんあるんですよ。介護保険だと実際にNPOにお金が入るのは働いた数か月後、だから回転がうまくいくまでは、繋ぎ資金的なサポートが必要なんですね。それにお金を貸すとなると、いろいろ事業内容を聞き、現場も見に行くじゃないですか。なかには、帳簿のつけ方すらできていないNPOがあって、基礎的なアドバイスをしたり、税理士を紹介して手をとって（ハンズオン）力をつけるようにしている。今、一般の金融機関は必要性をわかっていても余裕がなくてできない。といっても、NPOバンクがやるのも、実際上は無理なんですよね。というのは、一〇〇〇万円や一億円の貸付実績があったって、年間二パーセントの利回りしかないとすれば（通常NPOバンクの年利は単利で二パーセント）一〇〇〇万円で二〇万円、一億円あったって二〇〇万円だから、人件費も出ない。そうすると、NPOバンクの人件費はそこから出ていないことになる。

西村　どうするんですか？

林　外部から支援してやるしかないんです。コミュニティパワーバンクの場合は生活クラブから職員が派遣されてくるようにしています。

西村　長い目で見るとものになるかもしれないけれど、まだ初期段階ということですかね。

林　でも、英米でもそうだけれど、その手のものはニーズがあるのでだんだん育つんですよ。かなりの数のNPOバンクが活動するようになるはずなんです。日本でどうするかを国土交通省で検討したりしているんです。

西村　なるほど、「新しい公共」といわれているようなことですね。国の方でも従来の体制以外のところで動かさないとうまくいかないという意識が強くなってきましたよね。

市民活動・事業を繋ぐ仕組み――情報

林　そういうことを国に気づかせたのが生活クラブ・グループの中に東京ランポという、今は「まちぽっと」と名称変更したNPOです。市民活動のためのシンクタンクを作ろうとなって、ぼくは、市民活動にシンクタンクってそぐわないよねと言って、むしろポットのようにグツグツと煮詰めるものがまちなかにいくつかあって、というイメージを提案したら「まちぽっと」になったんです。そこでアセットマネジメントの研究会をやろうとして、イギリスのまちづくり事業体（デベロップメント・トラスト）を調べたんですよ。ＣＤＦＩ（コミュニティ・デベロッピング・ファイナンス・インスティテュート）という資金面でのサポートをしてまちづくりを行う仕組みをレポートにまとめたんです。それをみた国交省の担当者が、日本でも資金的に支援できるような仕組みを作りたいという話なんですよ。

西村　日本では建築家でまちづくりをやっている人たちは、アセットマネジメントが苦手だし、一方、商店街再生からまちづくりをやっている石原武政さん（関西学院大学）のような人びととなかなか接点がなくて、商店街の再生といったある意味商学的アプローチと空間をいかにつくっていくかという都市・建築的アプローチがなかなか結びつかないんですよね。両方ないとまちづくりは動いていかないと思うんだけど。

林　そういうことがＮＰＯ「まちぽっと」みたいなところから市民のためのシンクタンクとして情報化されながら出てくれば現代のまちづくりに有効な仕組みになっていくと思うんです。

西村　現実にいくつかの地域でそれを体現した活動が生まれていますね。

林　まちづくりといわれているものは、実に日々の暮らしに根ざして活動しているから多様なんだけれども、横の繋ぎはいとも軽々とできることになっているわけで、「まちぽっと」も福祉でも、都市計画でも、市民事業を支える仕組みも自分たちの問題として取り上げるでしょ。

西村　住んでいる側からすれば同じですからね。役所では縦割りでばらばらになっているけど……。

林　真野さんが言っているように小さなクリエイティブ・ミリューからだんだんネットワークが形成されたり、瀬戸内海のしまなみネットになる場合もあるし、それと同時に「まちぽっと」での試みのように制度的な仕組みを提案し現実化していこうというものも存在し始めているわけです。

西村　制度的に支える仕組みは大事ですよね。今小さなものはいろいろできているんだけれども、それを制度的に支えることが必要で、そこがうまく構築されないと、優れた人がいたりなど例外的なケースだけではなかなか展望が開けないところがあると思うんですよね。

市民の提案を制度化する仕組み――法制度

林　今の動きのもとはＮＰＯ法を作るときにあったんですね。日照権など五十嵐敬喜さん（法政大学教授）たちの市民活動もあったけど、ＮＰＯ法制定は社会的なセクターを作ろうという基本法みたいなものだから、それが制定されたのは市民が考えて運動した成果で、山岡義典さん（法政大学）や松原明さん（ＮＰＯ法人シーズ・市民活動を支える制度をつくる会）、辻利夫さん（ＮＰＯまちぽっと）など、コアになる人たちが呼びかけて子ども劇場や青年会議所などいろんなネットワークを作って、その結果が積み上がってＮＰＯ法として結実したのです。検討の過程でＮＰＯの活動分野としてまちづくりが入ってない、たいへんだというので、法案に入れたりしたじゃないですか。その結果、市民のセクターとして制度との繋がりをもち得るようになっているんですよ。市民セクターを作ろうと運動して法制度化したところが画期的だったなと思うんですよ。

西村　ＮＰＯなんていう言葉は知る人ぞ知る言葉だったのに、あれですぐに一般化しましたからね。

林　まちづくりの中に法人化して事業展開をする姿が見えてきたのが一九九〇年代の終わり頃からの新しい動きになったと思うんですね。そういうことから繋がって、ＮＰＯバンクを支えようとか、「まちぽっと」の提案で資金的な仕組みを制度化しなければいけないんじゃないかというところに入ってきた。そういう繋がりが布石されている。

西村　経済から言うと失われた一〇年というけれど、ＮＰＯからいうと本当に充実してた一〇年でしたね。

林　だから市民社会としてはすごくこの期間頑張ってきている。

西村　経済にだけいくのじゃなくて、うまく市民社会を成熟させる方向へ行ったと言えなくもないですよね。

市民事業の展開

林　山谷で四〇年も頑張っている「ふるさとの会」って、一九九〇年代後半には頑張って自分たちでホームレスの居場所づくりなど、自立支援をしてきたんですよ。セーフティネットがあちこちでほころびたときに、やはり市民の力で支えないとだめじゃないかというのが山谷の居場所づくりなんですね。

西村　そう、生活保護を受けるのにはたとえば東京都の場合、住所がなければ「受理」しないと言われてますから、公的なセーフティネットに乗りませんからね。

林　同じ生活保護にしたって、制度的にカバーできる範囲の約束事があったり、ホームレスの人たちにたいしてここまでしかできないという制約がある。ホームレス以外にだって高齢化社会になって心理的身体的に不自由なお年寄りが多くなっている状態だから、それをカバーするとなるとお役所の縦割りでは対応できない。釜ケ崎（大阪）でもそうだけど、それをカバーするような仕組みを市民側でNPOを組織するようなかたちでフォローする。ふるさとの会ではホームレスの支援をしてヘルパーの資格をとらせるような活動もしてる。ハローワークから若者も雇用してるんですよ。若者にとっての就業場所が反貧困支援活動の中に可能性があることを実証しつつある。ドヤのオーナーに話をして新しい仕事の場を つくり出していて、ハローワークに来る若者にとっては生きがいのある職場になっているんですよね。

西村　自分の働きが誰かの役に立ちたいという気持ちが若い人たちには共通してありますよね。これだけ企業がつぶれているときに誰かに自分が必要とされている充実した生き方をしたいと思っている人が増えてきましたよね。

林　そのような活動はインターナショナルに共通なところがある。ぼくは八〇年代から九〇年代までアメリカのぼろぼろになった街を見て歩いた。その状況を今、日本も後を追いかけて街が空洞化したり衰退化して動かなくなり、貧困が重大な問題になっている。結局はお役所だけでは対応できなくて、それをどうしたらいいかということが課題になっているんです。西山康雄さん（東京電機大学）は「まちづくり事業体」と名前をつけたけれども、市民が「まちづくり市民事業」を展開することで地域的な対策が展開できるということが見えてきていて、そこが面白いですね。ボランティアでも一部カバーできるんだけれども、十分ではない。

西村　行政も自分たちの限界が見えてきたので、まちづくり市民事業をいかにサポートするか、新しいアプローチをし始めたわけですよね。それはどこの試みもわりと小さくって、多様で、ヨコツナギ型で、一つのものに括りにくいんだけれども、各所に出てきつつあるっていうことなんでしょうね。

林　寿町（横浜）の場合、デザイン感覚が面白いじゃないですか。一緒にやる人の多様性の中にメディアや発信力のほかにデザイン力の楽しさが入っている。

西村　ものとして魅力的じゃないと活動の源泉にならない。そこのところが地域の魅力と重なっているんでしょうけどね。

地域を動かすアートの力

林　すごく面白かったのはね「やねだん」って、鹿児島県鹿屋市串良町柳谷集落は三〇〇人の集落なんだけど、面白いことが起こっているんです。ここは三〇〇人だから公民館スケールなんですよ。公民館長が集落長でコミュニティでいちばん偉い人なんですよ。五五歳の若手が館長（豊重哲郎さん）になっている。そのなかで、空き家を皆で修復して「迎賓館」と名づけてアーティストを公募するんですよ。地元のおばちゃんたちはビックリ。何人かの応募があって集落にふさわしいアーティストを選択したんですよ。その選択の基準は、美術学校を出てアーティストになったんじゃなくて独学で認められてなったような人の方が地域になじんでくれるだろうというのね。喜んだおばちゃんが自宅の襖に大きな目のある自分の顔を描いてくれないかと頼むわけね。描き上がった絵を披露するのに皆が集まって、注文どおりの絵になって皆でまた大喜びしたんだけど、それがねアートとの出会いになっているわけです。アートが観賞用ではなくって、生活の中で生きているものになって、それがみんなの関係を少しずつ新しく変えていく。

西村　今各地でアートがまちづくりの手段として考えられるようになってるでしょ。アートは使用価値じゃあないじゃないですか。地域の生活はビジネスだけで生活しているわけじゃあない。集落のありようは使用価値とは違うところで活動しているアーティストのあり方と似ている部分があると思うんですよね。似たような話で、国東半島のてっぺんの国東市国見町伊美という集落にアーティストが何人も住んでいて、昔の港町なんだけど、地域でその活動を支えているかつての豪商の家を改修した涛音寮というギャラリースペースがあるんですが、行くとその先端さに驚かされます。そういう地域って日本中に少しずつ出てきてるのかもしれませんね。

林　日本ってもともと、北斎が小布施に滞在して肉筆画を描いているように、アートと地域は結びつきがあったんですよね。三味線もって歩いて門づけするとかね。日本の集落にはキャパシティがあって、北川フラムさんはアーティストを送り込んじゃうわけでしょ。最初はびっくりするわけだけれども、だんだん日常的な付き合いのなかで関係が形成されてくる。それからアーティストも地域の影響で変わるんですよね。

西村　北川フラムさんの言い方だと、一流のアーティストは場所を見てそこから出てくる本質的なものを表現する。場所との関係がモダンアートにもあるというんですね。アーティストにとっては日常と異なる山村とか離島でイマジネーションが高まる。いちばん厳しいところがいちばん可能性をもっている。アートはその発想の逆転を生み出す力があるんじゃないかと思うんですね。

林　アートやクラフトが地域の人たちに受け入れられて、新しいものを創り出す力があるんだなと、だんだん再発見されて具体化されてきている。

西村　地方にものすごい可能性があってね、違う見方をすればいろんなものが見えてくるんだということを実証してくれているんだと思いますね。最近「農ブーム」とか「田舎ブーム」で二〇世紀的な大都市だけが面白いのではないとわかり始めている。だけどはっきりしていないものだから、アートを通じて証明してもらうとスパッとわかったという気になりますね。

分野を繋ぐまちづくりのレイヤー

林　真野さんの地域創造圏のイメージ（下図）で指摘しているように、地域には重層する領域のレイヤーがあって、まちづくりはさまざまな分野を横繋ぎにするレイヤーだとわかるし、森さんの地域雑誌

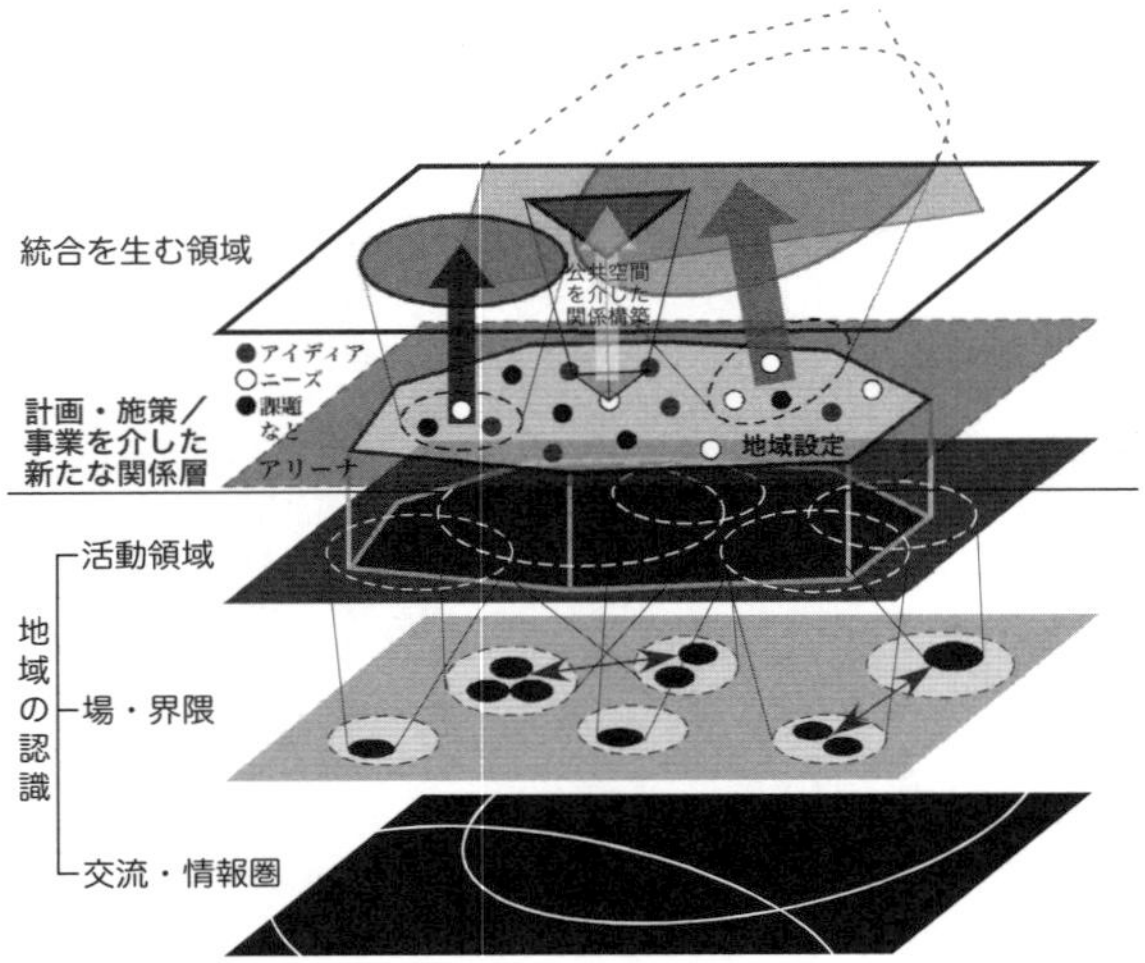

地域創造圏のイメージ　出典：『季刊まちづくり』第29号、真野洋介「地域創造圏試論」より

で表現されているように、時代を飛び越えて意味だとか価値を現代に甦らせる方法があるじゃないですか。だからまちづくりは地域的な広がりと通時的な広がりをもっていて、非常に多様だ。まちづくりは、一人ひとりの想いやクリエーションがどこかで繋がっているという、世界の可視化や共感の世界になっているんだなと思いますね。

西村　もうひとついえば、各人がそれぞれの想いで生きていて、自由に活動していても、レイヤーで見ればどこかで繋がっていて、まちづくりも窮屈な分野に押し込めないで広がっていけるような感じがしますよね。

林　まちづくりはそういうふうに解釈していくと、レイヤーとして深みも厚みも広がりもある。今やNPOの制度もあって、提案力や実現力も生まれていると思うんですよ。だけど、けっこう幸せなことを言っている一方で、下北沢なんかは、再開発という暴力的な行政の都市開発のシステムがやってきて、まちを壊そうとしてしまうことがあるじゃないですか。鎌倉でも石積み法面の小道があって良い環境なのに、道を広げると役所が言う。まちづくり審議会で小林重敬さん（東京都市大学）が、「いくらなんでもそれはないでしょ」と意見すると、行政担当者はこれはもう決定されていることですからと、取り合ってもらえないありさまです。現場に行くと前時代的な制度が残っていて、暴力的なことが起きてしまう。だから、そういうものとの関わりのなかで、制度的に変えていくパワーが必要ですね。

西村　現場における実践的なまちづくりと制度的な対応が、いずれも必要だということですね。

［対談者］　**林泰義**（はやし　やすよし）　東京大学工学部建築学科卒業、同大学大学院課程修了。一九六九年、都市計画コンサルタントとして独立。現在、NPO法人玉川まちづくりハウスの運営委員など。一九九〇年以降はNPO法とNPO法人の実現に参画、NPOセクターの確立に取り組む。また若者の職場〝まちづくり事業体〟を社会の軌道に乗せ、地域再生を生み出すまちづくりを提唱し全国に広めることに尽力する。

註

★1　真野洋介「尾道・歴史的市街地を核とした地域創造圏の可能性」、『季刊まちづくり』第29号（二〇一一年一月）五六－六一頁。

第4章

都市への道を歩む

1　「まちのドラマ」を読み解くことがまちづくり・都市づくりの原点

文学青年が理系の道へ

高井　ご出身が福岡市で、高校まで福岡で過ごされたと伺っています。都市工学をご専門に、長く日本のさまざまなまちづくりに関わってこられた西村先生ですが、福岡での子ども時代の何らかの経験が、まちづくりに関心をもつきっかけとなったのでしょうか。

西村　私が住んでいたところは、商人のまちである博多とは川を挟んで少し文化が違う城下町なのですが、戦禍を受けており、親はよく「古いものは何も残っていない」と言っていました。今から考えると、そうではあってても、福岡市は福岡と博多という特色の違うまちをもつ複眼都市として面白いのですが、当時はあまりそんなことを意識せずに過ごしていました。

高井　では、どのようなことに興味をもつお子さんだったのですか。

西村　本を読むのが好きでしたね。中学時代は軟式テニス部に所属し、部活漬けの毎日でしたが、一方で文学青年でもあって高校では同人誌を作ったりもしていました。先ほど、まちづくりに関わってきたことと子どもの頃の経験は直接的な関係はないとお話ししましたが、この文学青年であったことが、間接的にまちづくりへの関心の扉を開いてくれたとは言えると思います。まちづくりというのは、まず、そのまちの面白さを発見する「まち歩き」が重要ですが、まち歩きは「まちを読む」ことから始まります。このことは実は「本を読む」ことによく似ています。

高井　「まち歩きとは本を読むようなもの」ですか。最初から非常に心惹かれるキーワードが飛び出しましたね。それについてはぜひ具体的にお聞きしていきたいと思いますが、その前に、今のお話からどうしても疑問が一つ浮かびます。そこをまずお聞かせください。西村先生は東京大学の理科一類に進まれていますね。文学青年であった先生が、どうして理系を選択されたのですか。

西村　当時、高校の先生にも驚かれました。高校時代、校内の文芸誌の編集委員長などもやっておりまったくの文学青年でしたから。それなのに理系へ進んだ理由は、実は非常に単純なのです。たまたま数学ができたからです。当時の田舎の高校生には、数学ができたら基本的に理系に進むという構図があり、当時の私は違和感なく理系を選択したということです。社会的なことに関心があったので、東大の理科一類の中でいちばん社会に近いところの都市工学を専攻したわけです。

立派な建築群を建てる方向性に違和感を覚えた大学時代

高井　「都市工学」というのは、人が安全、快適に過ごすことのできる都市を構築するための技術を扱う工学だと認識していますが、当時はまだ新しいジャンルの学問だったのではないでしょうか。

西村　一九六二年にできた学科です。戦後にでき、基地の問題や再開発などをはじめ都市の中のさまざまな矛盾、社会的な課題を扱うもので、そういうことに対して関心が高い学生が多く、学生運動も非常に激しかった頃に生まれた分野です。

高井　そういえば、西村先生が大学に進学されたのは一九七〇年代に入った頃でしたね。

西村　ええ、安田講堂事件［★1］の二年後です。入試は再開されていたものの、学内は非常に荒れていました。カリキュラムが崩壊状態で、先生が学生に遠慮している空気に満ち満ちており、どちらかというと自主的にやってくださいという感じでしたね。

高井　そういったなかでの都市工学とは、どのような方向性のものだったのでしょうか。

西村　基本的には、過去のものを壊し、何か新しい立派な建物を建てるということです。高度経済成長期ですから、建築家の夢の結実は、まさに立派な建築群を造り上げることだといった学科でした。しかし、私はそれに大きな違和感をもちました。もう少し具体的に言うなら、地域の成り立ちや土地の記憶、あるいはコミュニティの育まれ方こそが大事だと感じていたので、大きな都市開発を一様に進めていくことに懐疑的でした。私の中には、やはりどこか文系の思想が根強くあったのでしょうね。

高井　なるほど。現在、先生が進めておられる、住民主導によるまちづくりの出発点は、すでに学生時代にあったのですね。そういった地域の歴史やありさまなどを大切に考える先生の都市工学のなかで、特にご専門とされている「都市デザイン」というのは、どういうものだと考えれば良いですか。

西村　その頃の都市デザインというのは、多くの国家プロジェクトを手がけられた丹下健三先生や、その片腕として活躍され京都国際会館などで知られる大谷幸夫先生などが提唱されていたもので、ようは、建築家グループとして、単体だけを考えるのではなく大きな建築群としての計画、あるいは都市づくりとしての計画をしていこうというものでした。先ほどお話ししたように、大きな建築群の考え方には違和感を覚えていましたから、当時の都市デザインの考え方に魅かれたというよりも、紛争直後の荒れた大学の中で人間的に信頼できる先生のもとで研究したいという思いが強く、大谷幸夫先生の研究室で学ぶことを選んだのです。つまり、大谷先生がたまたま建築デザイナーであったことから都市デザインを選択したというのが正直なところです。しかし、きっかけはどうであれ、今でもこの選択は間違っていなかったと強く思っています。二〇一三年一月に亡くなられましたが、私は大谷先生のことを生涯の師だと思っています。

高井　大谷先生と接するなかで、何か新しいものが見え始めていったのでしょうか。

西村　大谷先生は、われわれがやっていることに寛容で、いろいろなことを認めてくださったのです。都市の記憶や都市のコミュニティを大事にしたいという視点、そして、その中から出てくるかたち、たとえば広場や集落のもつ価値を再認識するといったこと、あるいは、歴史的な町並みなどを守るべきものは守るということ。こういったことを実現するために、権力者や技術者が上から大きな絵を描くのではなく、みんなで合意形成していくこと、あるいはボトムアップでつくり上げていくプロセスなどなど。大谷先生がおおらかに見守っていてくださったなかで、私はそういうところに自然に近寄っていったわけです。当時の時代背景から考えて、ほかの先生であったならば、それは後ろ向きではないか、歴史の話は歴史家に任せておけばいい、ボトムアップなことは男がやる仕事ではないなどということで、私の考えは最初に却下されていたと思います。

高井　今では考えられませんが、当時はそういう時代だったのですね。

西村　ええ。都市というのは大きな単位ですから、それを考えるには、チームワークの中で動かないといけないということがありました。当時の時代の勢いを背景にチームワークの中で調査を進めるのならば、「これだ!」という大きなものに向かっていくことを良しとする傾向があったわけです。それに対して、私は、同じチームワークでももう少し謙虚にまちを学ぶことをやろうという考えでしたから、非常に少数派でした。

晩年の大谷幸夫先生

その地域の人たちがまちの魅力を自ら探すことに価値がある

高井　つまり、先生のお考えの都市デザインというのは、都市デザインと言いつつも、住んでいる人の暮らしのデザイン、生活空間のデザインといったことに近いのですね。

西村　そうです。そこまで広げるべきだというのが、私なりの都市デザインのありようです。デザイナーが最初から提案するとか、かたちを押しつけるといったものではなく、自ずとみんなで共有されるようなものを現場の中から見つけて、そういうものを大事にしていくデザイン。つまり、都市づくり、まちづくりのプロセスそのものを大事にするようなデザインがあってもいいのではないかと。それぞれのまちがいちばん輝くようにするためには、それぞれ特色のあることをやらないといけないわけです。

高井　今、どのまちも必死で探していることですよね。

西村　ええ。大事なのはそこだと思うのです。それぞれが、「自分たちのまちの個性というのは何かを必死に探す」ことこそが重要で、われわれはそのお手伝いをしたいのです。しかし、このことを研究として考えると、なかなか難しいですね。なぜなら、毎回、場所によって違うことをやるので、「あなたは何か統一した方法論をもっているのか？」と問われても同じものはありません。

高井　それでは、先生が大事だとおっしゃっているプロセスやアプローチ法に関して何か統一的な手法があるわけではないのですか。

西村　歴史を調べたり、地形を見たり、人の話を聞いたりといった調査の手段としてはあります。しかし、プロセスでもっとも大事なところ、つまり「ここで頑張らないといけない」という点は、まちによってまったく違ったりします。そのまちの一番の強みを光らせようとするプロセスは、まさに、それぞれに独自のものが必要です。研究者としては、それぞれのまちで同じことを調査して、その結果を比較して、ここはこうだと分析すればわりと客観的な論文にはなります。しかし、私は、論文というのは地域に戻さないと意味がないと思っていますから、私が書くレポートは、結果的にはそれぞれのまちでまったく違うものになります。

「景観法」という〝ムチ〟と「歴史まちづくり法」という〝アメ〟

高井　さて、来年の二〇一四年には、先生も深く関わられた「景観法」が施行から一〇年を迎えます。景観法も、そういった時代の流れが大きく後押しして誕生したものなのでしょうか。

西村　強く後押ししたのは、戦後、ここまできた結果として、景観が本当に良くなったのかということに対する反省が出てきたことです。直接的なきっかけとなったのは、東京の国立市のマンション建設などで争われた景観に関するいくつかの裁判です。事業者が違法スレスレのようなことをやっているときに、どうやったら止められるのかという係争です。各地で、あまりに周りと違う建物が建たないようにするために、事前に事業者と協議する仕組みなどの景観条例のようなものはできていたのですが、そうした仕組みは法的根拠が弱く、お願いするしかなかったわけです。ですから、確信犯は無視します。そうしたときに裁判に発展していくわけですが、そのなかで、国立市の裁判が非常に大きな契機になりました。国立市の一件では、裁判官によって判決がすごく揺れたのです。一四階建ての高層マンションの建設において、その地域では二〇メートル（七階）以上は違法だから認められないという原告である住民側の主張に対し、一審は原告の完全勝訴で、二審は事業者側の完全勝訴、そして最高裁が中間の立場をとるというかたちになったわけです。もう少し明確なルールを自治体が決めていればこういうことは起きないとして、国も立法化を急いだのです。つまり、景観法とは、自治体が景観行政を進めるときの法的根拠の下支えとしての法律なのです。

高井　景観法が施行されて、景観形成に何か変化は起こりましたか。

西村　いちばん大きな変化は意識の変化でしょうね。それまでは、景観というのは主観の問題であり、行政がコントロールするのは適切でないという意識が強かったのです。裁判所でも、そうした判決が多く出ていました。高さ、容積率、建蔽率などは数字で表せるけれど、和風、洋風、デザイン、色、調和といった好みの問題には行政が口を出すべきではないと考えられていたわけです。しかし、良好な景観というのは地域にとっても国にとっても財産であり、ルールを決めて規制することは合法的だということを法律の中できちんと謳ったことで、意識が大きく変わりました。

高井　たとえば海外では、赤い屋根がずっと続いていたり、白い家がそろっていたりという景観があちらこちらにあり、特にヨーロッパでは街並みが統一されていますよね。住んでいる人にとっては不便もあるでしょうが、守るための法律や規制がそれぞれあるのでしょう。日本の景観法は、どういったことがポイントとなっているのでしょうか。

西村　海外では、非常に細かくルールが決まっているところもあります。日本の場合は、よほど古い建物がたくさんあるような町は別ですが、そこまで全部そろえるというのは難しいので、周りにそぐわないようなものがつくられたりすることを回避できるようにしようというのが景観法の大きなポイントです。ネガティブチェックに関しては、かなりきちんと規制できるようになっています。

高井　その後、二〇〇八年には「歴史まちづくり法」も誕生しました。景観法と歴史まちづくり法とはどのような違いがあるのでしょうか。

西村　基本的に、景観法というのは自治体が規制をするときに後ろからバックアップするもので、景観条例だけでは対処できないものに対して規制の「ムチ」を強めるものです。ただ、景観法ができた時期が、地方分権を進めようという時期と重なり、それが法律の制定に大きな影響を与えました。たとえば、各地で景観が大事だと言うのであれば、各地方自治体がきちんと計画を立ててチェックする仕組みを義務化することも考えられますが、それは地方分権に反するということでそういう法律の作り方ができませんでした。

高井　それはどうしてですか。

西村　そうすると、国が地方自治体の仕事を増やすことになるからです。やりたいと思っているところもそうでないところも一律にやれということになりますからね。しかも、地方自治体の固有の事務を、国が一本の法律で縛っていいのかということがあり、景観法は、やりたいというところはやればいいし、やりたくないところはやらなくてもいいという、各自治体の姿勢に任せるという法律として生まれました。先ほどお話ししたように、規制としてはきちんとした効力を発揮しますが、その規制の中身については各自治体が決めていいということになっています。それまでの国の法律は、メニューを与えてその中から選びなさいというのが通常でしたが、景観法は、それぞれ地域によって状況が違うから、そこでいちばんやりやすい方法でメニューを作っていいとなっているのです。

高井　それは知りませんでした。景観法とはそういうものなのですね。

西村　ですから、やる気がある自治体には大きな後ろ盾になりますが、やる気がないところには何にもならないわけです。もちろん、景観が大事だと思っている人は、やる気のない自治体にも住んでいるわけです。行政が眠っているとそういう人たちは何も起こせないのか、あるいは景観がどんどん悪化してもやむを得ないのかというと、やはり、そこには何らかの施策を講じないといけない。ムチだけだと、ムチを使う気になっているところはいいけれど、使う気がないところでは意味がない。一方では「アメ」を配置しようということになる。「これをやればこのくらいのサポートをします」というものがあれば、やる気がないところも取り組む意思が生まれるかもしれない。それが、歴史まちづくり法なのです。歴史まちづくり法には規制はまったくありません。アメだけの法律です。

高井　補助金制度とはどう違うのでしょうか。

西村　今までの補助金制度というのは、国が補助メニューを決めてやりたいところに手をあげさせ、その中からやるところを決めるというもの。もっと言うと、お金が出ているからには口も出すというかたちになっており、国が地方自治に介入する根拠を与えていたわけです。それが地方分権にはそぐわないということで、そういう仕組みを何とかやめさせようということが同時に進んでいたわけです。そういったなかで生まれた歴史まちづくり法は、それぞれの自治体にまず自分たちが作った計画があって、その計画に基づいて一つずつ進めていこうとするときに、さまざまな補助金の中から合ったものを使いやすくすることをメインに作られたものです。この歴史まちづくり法（アメ）と景観法（ムチ）とで進めましょうというのが、現在のところの日本の景観行政です。この二つの法律ができたことで、各地でのまちづくりのお手伝いも非常にやりやすくなりました。

歴史まちづくり法を活用し、まちの魅力を光らせた高山

高井　景観法や歴史まちづくり法をうまく活かしてまちづくりを成功させた具体例をお聞かせいただけませんか。

西村　たとえば、中部地方の例でお話しすると、歴史まちづくり法の認定は国が行うのですが、中部では最初に飛騨高山（岐阜県高山市）が歴史都市のひとつとして認定されました。飛騨高山には私もずっと関わっていますが、歴史まちづくり法を活かして再生されたのが、高山の観光名所でもある古い町並みの周辺に位置し、市内観光の拠点として便利な場所にある「飛騨高山まちの博物館」です。もともとは、かつての高山市郷土館の隣りに鉄筋コンクリートのビルがありましたが、そこを歴史まちづくり法を活用した事業で買い取り、その土地も含めて大きく拡充したものです。高山の歴史や伝統をはじめとするまちのさまざまな魅力に触れられる非常に大きな展示施設を作り、外観も高山の古い町並みと調和した博物館として二〇一一年にオープンしました。この博物館は、観光客に好評である前に、環境が

良くなったということで地域の人びとに好意的に受け入れられ、結果的に人の流れが変わったりもしました。歴史まちづくり法は、基本的にはその地域の歴史をベースにした魅力を光らせるものであり、それにより地域の人たちが誇りをもってそこに住むことが重要です。そうなることで、結果的に観光客を呼び、経済的に潤うということへと繋がっていくのです。

まちの方向性を明確に打ち出し、市民がそれに呼応する犬山

高井　確か、電線地中化が図られてまちの見え方が一気に変わった犬山（愛知県犬山市）にも先生が関わっておられるのですよね。

西村　はい。犬山の電線地中化に関しては国土交通省の別の補助金でやったもので、犬山のまちづくりの本題はこれからですね。犬山の場合、これまでのプロセスの中で特筆すべきは、中心地区のメイン道路を一六メートルに拡幅するのをやめるという、地元が真っ二つに分かれるような決断を前の市長［付記＝石田芳弘氏、一九九五－二〇〇六年犬山市長］のときにやられたことです。それはひとつの政治判断だったわけですが、これによって「わがまちはこういう道を歩むんだ」ということがまちのビジョンとして非常に明確に出たわけです。そのことに大きな意味があり、それ以来、住んでいる人が「それならこういうことがやれるのではないか」と考えるようになり、その通りにはお店がたくさん増えました。しかも、非常にきれいになっています。その結果、今までは犬山城に行って終わりという観光の流れだったものが、まちなかまで人が流れるようになっています。

犬山市の本町通り。遠くに犬山城が見える。その左手前に課題となっている福祉会館のビルが見える

高井　確かに、観光客がまち歩きをするようになりましたね。

西村　おそらく二〇軒以上のお店が出ているのではないでしょうか。必ずしも歴史まちづくり法だけを活用する必要はありませんが、今、犬山では、大手門のところにある市の福祉会館のビルを何とかすることや体育館を動かしてその前の広場をきれいにする計画などが進んでいます。歴史まちづくり法はそういうところに使えるのです。

どのまちにも必ず物語はある。それをクローズアップしていくことの重要性

高井　まずは、住んでいる人が、多少不便でもこのまちの価値をとどめたい、この方向で進むまちで何らかの活動したいと、わがまちに魅力を感じることが大事なのでしょうね。

飛騨高山や犬山といった、全国の中でも独特の歴史をもち、かつ、こじんまりとしたまちはやりやすいのではないかと思うのですが、もう少しいろいろな人が流入してくる都市では進め方に難しさが出てくるのではないでしょうか。

西村　おっしゃるとおりです。そこで今、私がやろうとしているのは、都市にはどんなまちにもそれなりの物語がありますから、その物語をクローズアップさせていく作業です。とても面白い物語があってみんなが共有できることがわかれば、まちを見る目というか自分のまちを感じる目が違ってきます。これまでは、文化財がないといけないとか、町並みを中心に考えなければいけないとか、明確な手がかりがないとうまく進められませんでしたが、そうではないところでも、まちの見方を考え、示すことで面白いストーリーを描くことができると思います。それを次のステップとして取り組み始めました。

高井　今、ここは面白そうだと感じておられるところはありますか。

西村　いろいろとありますが、そのひとつは岐阜（岐阜県岐阜市）ですね。岐阜のまちを面白いと思

う人は少ないようですが、私はとても面白いと感じています。岐阜というのは少し変わったまちなのです。まず、JR岐阜駅を出て、どちらを向いて歩いて行ったらいいのかわからないところに、岐阜の物語の一つのポイントがあるのです。岐阜というのは、もともとは斎藤道三に始まる歴史あるまちで、織田信長の時代に発展したところです。しかし、城下町であった多くの都市と異なり、岐阜は当時の城下町の武家地のところに県庁や市役所などの公共施設はありません。役所は、岐阜のまち全体から見ると端っこにあります。これ一つだけでは手がかりがつかみにくいのですが、「それはなぜか？」と考えると面白いことがわかってきます。岐阜のまちは、北から南へ順番にできあがったまちなのです。北の方の古い部分は一六世紀半ばにできあがっており、斎藤道三の頃には川に向かって東西にまちが開かれ、それが徐々に南に延びていったのです。そして、織田信長の時代に岐阜城を中心とした城下町が築かれて発展しますが、関ヶ原の合戦後には、徳川幕府により岐阜城とともに城下町も壊されます。織田家がもっていたところを、城下町として存続させることを嫌ったのでしょう。都市として存在したものをいったん消され、南に位置する加納という地域に加納城が造られ、江戸時代にはそこが政治の中心になったわけです。そして、旧城下町は町人町となりました。

高井　結果的には、現在の岐阜の中心地は、駅北の旧城下町の南側ですよね。

西村　そのとおりです。明治になったときに、武家屋敷があればそこに学校や役所ができましたが、

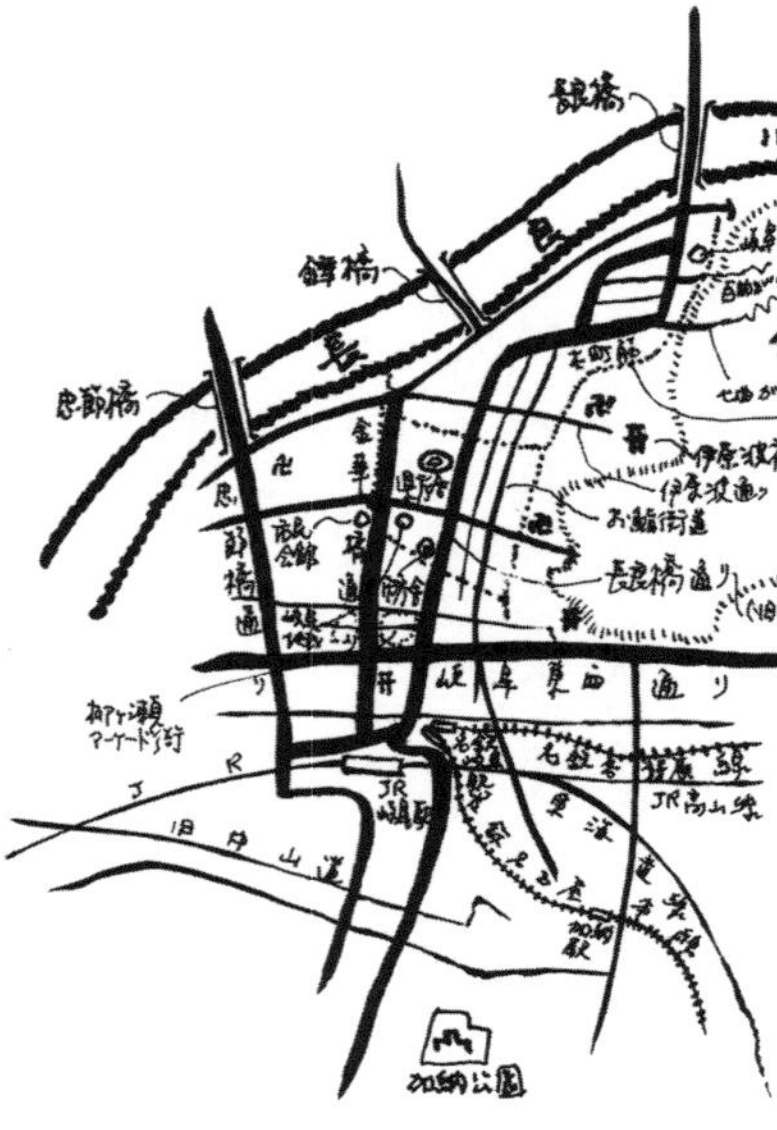

岐阜市　西村作成

岐阜は町人町であったため、そこに接して南側に県庁や市役所、裁判所などができました。岐阜は北から南に向かってまちが開かれていったため、北から歩くとよくわかるまちですが、玄関口がまちの南にあるので、逆から歩くことになるためによくわからないまちとなっています。しかし、まちの成り立ちを丹念に読み解いていくと、岐阜というのは普通の城下町より長い時間をかけて変化しながらつくりあげられたまちで、しかも、関ヶ原の合戦で大きく運命を変えられた〝まちのドラマ〟があることもよくわかります。

高井　何だか、「面白いまちだな」とがぜん興味がわきますね。

西村　そうでしょう。ただ、大半の人はそういうことを意識せずにまちを歩いているので、なかなか気づきにくい。そこで、もう一度まちの物語を浮かび上がらせると、自分たちのまちの面白さやまちがこれからやるべき課題も見えてくるはずです。そして、どんなに戦災があったまちだろうとどんなに古いものがなくなったまちだろうと、そこからこれからのビジョンが描けます。今は、それが普遍的な方法論に繋がっていくのではないかと思っています。

名古屋の面白さとは？

高井　先生は、冒頭で、「まちづくりというのは、まず、そのまちの面白さを発見する〝まち歩き〟が重要で、そのまち歩きとは本を読むようなもの」だとおっしゃいました。私は、そこにとても興味をもちましたが、岐阜を例にお話しいただいたように、まちの物語を読み解いて分析していくのが先生のまちづくりのアプローチなのですね。そこで、もうひとつ教えていただきたいのは、果たして名古屋というまちには物語を見出せるかどうかについてです。一般に、名古屋は岐阜以上に物語がないまちだと思われていますが、いかがでしょうか。

西村　いえいえ、名古屋というのは非常に面白いまちです。静岡と対比して考えると、それがよくわかります。両方とも徳川がつくったまちで、大きな特徴としては都心部にほぼ一〇〇メートルのグリッドが残っており、それがまだ生きているのは日本にはそうはありません。また、城下町の中でも本当に最晩年というか最終的な城下町のスタイルとしてできあがったので、一般的な城下町は攻めにくい工夫として突き当たりがあったりくねったりしていますが、名古屋や静岡にはそれがありません。

高井　戦なき時代につくられた城下町だからですね。

西村　そうです。ですから、名古屋と静岡は非常にシステマチックで明快な都市です。面白いのはそこからで、規模が違ったからかもしれませんが、静岡は今でも城下町の中心が賑わいの中心です。一方、名古屋の場合には、そういったところとはまったく違うところに栄などの賑わいの中心ができています。それは、名古屋の方が規模が大きかったので、戦前は三の丸の地区を軍が活用し、戦後には公共施設が入ったからです。名古屋と静岡は同じように正方形のグリッドが都心のお城のすぐそばにあって、それが生きているという意味では似ているものの、その後の行き方が違う。そういうことを読み解いていくと、非常に面白いなと思うわけです。

高井　では、その素地を活かし、もっと素敵にデザインしようと思うと、どういうふうにしたら良いのでしょうか。

西村　そうですね。日本の中でこれくらい道路が整備されているところはありませんから、そこをうまく活かすというのが一つの大きなポイントだと思います。素敵な歩道ネットワークで繋がれているまちだとか。特に広小路通りを大切にしたいですね。ただ、まだ本気で名古屋のことを考えたことがありませんから（笑）。

まちづくりとは、「面白さはある。皆でそれを探せ」ということですね。〝発見のプロセス〟を経ていくものでもある

高井　「面白さはある。皆でそれを探せ」ということですね。

西村　私の立場は、あくまで助っ人です。そのまちのことを考えるのは、まちの人たちであるべきです。私たちはそういう人たちを応援して、専門家としての視点からアドバイスをします。大事なのは、〝気づき〟です。単にそのまちの面白さに気づくだけでなく、はなから無理だとして意識もしていないことにこそ、まちづくりの重要な視点があることにも気づくことです。人は、やれそうにもないことは最初から発想しません。たとえば、「この通りを見てどう感じますか？」というアンケートに対して、だいたいは、ゴミが落ちている、自転車の放置が問題だといった、やろうと思えばできることについては意見が出ます。建物や街灯あるいは道幅など、とても自分一人ではできないことについてはほとんど考えません。一人ではできなくても、また、短期では無理でも、長期のビジョンに立てば実現できるまちにとって非常に重要なことがいくつもあります。地域の人の意見を聞き出すとき、こんなこともやれるのではないかとかという話をして頭をほぐしていくと、いろいろなことが考えられるようになります。

高井　道路だ、建物だというハードだけではなくて、愛知県の足助《あすけ》のように、雛祭りの時期にはまちをお雛様の一大テーマパークにしたり、夏には約六〇〇〇個のロウソクを足助川の遊歩道に灯す「足助川万灯まつり」を開催したりといった、ソフトのアイデアを注入するようなこともあるわけですね。

西村　そのとおりです。伝統的な祭りをよく見ると空間の使い方が非常にうまい。〝そこが祭りの舞台〟となる使い方をしている。たとえば、犬山の山車祭りでは山車を回転させるところがクライマックスになりますが、うまくそこを見せ場にしなければ祭りの面白さが伝わりません。実は、道を広げないのもそこに意味があるわけで、クライマックスとなる場所を広げたら迫力も何もありません。演出の素晴

らしさをよく見ていくと、まちのかたちがそういうものを育てているのがわかります。「そういうことが大事ではないですか」と言うと、まちの人も気づいてくれます。まちづくりとは、本を読み解くようなものであると同時に、まちの人と一緒に〝発見のプロセス〟をやっていくようなものでもあります。

高井　もう一歩踏み込んで、まちづくり・都市づくりを進めるうえでカギとなるのはどういうことですか。

西村　まちの人が、「自分がやった」と思ってくれることではないでしょうか。誰か他人に言われたからやっているというのでは長続きしませんからね。私たちの関わりでもっとも大事なことがまさにそこで、みんなが自分がやったのだと思ってくれるように舞台の仕掛けをすることが、成功のカギを握ります。われわれは、専門家としてお手伝いはするものの、動き出したら自然に消えてもいい存在、むしろ消えた方がいい。そこが、都市デザインと建築デザインの大きな相違点です。建築は、どこまでいっても設計者がいて、この人のデザインだということになりますから。

日本の各地で、新たな可能性への取組みが始まっている

高井　もう少し広い視野で見て、この日本という国の、国としての景観についてはどのようになっていくといいとお考えですか。

西村　先ほどからお話ししていることと重なりますが、住んでいる人が、たとえば、死んでいくときに「このまちで暮らして良かった」と思えるようなまちを、それぞれがつくることだと思います。ありさまはさまざまでつくり方もそれぞれ違うけれど、このまちが故郷で良かった、このまちで暮らしていて良かったと思えるようなまちをつくるということです。

高井　一つひとつの事例は全部違うということですね。

西村　むしろ、違わないと意味がないと思います。今、小さな集落でも農業を頑張ろうという人たちが増えてきており、過疎集落でも再生の道はあり得ると考えて動いている人たちも増えています。私の研究室の卒業生で、岐阜県の石徹白《いとしろ》というところに移住した人がいます。東京大学で修士まで学んだ彼が何をやっているかというと、田舎町で小水力発電をやっています。それによってまちが自給できる仕組みを作りたいと。

高井　石徹白というと、岐阜県の中でも豪雪地帯でスキー場しかないようなところですよね。まさに、日本の可能性を大いに感じさせてくれる例ですね。

西村　少し前までは、そういうところにはどうアプローチしていいのかわからなかったのですが、逆にそういう田舎だからこそやれると感じる人たちが出てきて、地元の人たちと一緒に取り組んでいます。

高井　過去を活かすだけでなく、今は過去の結果として寂しい現状があるけれど、だからこそ、そこに未来を見つける取組みが始まっているということですね。

西村　高山市の上宝町の長倉という集落も面白いですよ。最近、地元の人がとても元気になっています。

高井　その元気の源は何ですか。

西村　長倉には、「万雑《まんぞう》」と呼ばれるタウンミーティングが今でも脈々と生きています。簡単にいうと年一回の寄合いですが、長倉には山林などのそこに住む人たち共通の資産があって、年一回の寄合いでは、明治時代からの帳面を見ていれば「万雑ルール」なるものを議長が朗読します。それは、高山市の他の地域の人も知らなかったもので、うちの研究室の学生たちがそうした事例を見つけてきて、そこに入って調査を行いました。調査をした結果をフィードバックすると、地元の人たちは自分たちは当たり前だと思っていたことが実は貴重で大事なことだと気づき、少しずつ自分たちの集落を見る目が変わります。そういうタウンミーティングが今でもしっかりと生きているところは多くないので、私たち外部の人間は現場に行くと感動します。この万雑というのは、共有の財産に対して誰が文句を言う権利があるかというところがベースにあり、つまり「コモンズ」[★2]なのです。都市のコモンズというのは、非常に重要な新しい考え方だと言われていますが、もともとあったのです。そういうところに光を当てれば、元気も出てきます。

高井　そうすると、逆に都市部の方が難しいのでしょうか。

西村　都市部は、少し違うことをやらないといけないでしょうね。その一つがNPOですが、今後はSNSシステムの活用も考えられるでしょう。

世界遺産登録への取組みは、その〝裾野〟への視点を忘れないことが大事

高井　まちの魅力を輝かせるひとつの方向性として、昨今では各地における世界遺産登録への取組みも活発ですね。現在、日本の世界遺産の暫定リストには鎌倉や彦根城、富岡製糸場などがあります。先生は日本におけるイコモス[★3]の委員長もしておられますが、どのような取組みが大事だとお考えでしょうか。

西村　今年、富士山が登録されましたが、単体ではなく「富士山——信仰の対象と芸術の源泉」として世界遺産登録された富士山の例が、ある意味、取組みの好例だと思います。富士山というと、登ってご来光を見るといったことが常に脚光を浴びますが、それは富士山の魅力のほんの一面であって、浅間信仰や豊かな水など裾野にあるさまざまな幅広い文化が富士山の本当の魅力です。文化というのは、幅広い裾野があってこそ、その頂が高くなり優れたものとして認められるのです。まさに私たちがまちづくりで行っているのはそういうことで、さまざまな裾野の魅力をどう発掘し、繋げていくかということです。

高井　ピンポイントでスポットライトを当てるのではなくということですか。

西村　核となるものにお金を投入するから周りに使うお金がないというのは本末転倒です。世界遺産においても、ある一点だけがお墨つきをいただくことをめざすと、趣旨とズレるとつねづね思っています。たとえば、今、富岡製糸場が日本の次の世界遺産登録をめざして準備が進められていますが、単に製糸場の工場が立派だということではなく、あそこに養蚕の文化が根づき、それが農家の構造に変化をもたらし、農村の風景をも変えたことに大きな意味があります。養蚕農家では、他の日本の住宅と違い、養蚕を行うために二階や天井裏を大きくし、生活を変えていきました。今でもそこへ行くとそうした風景を感じられるのです。富岡製糸場の工場と田舎の養蚕農家の風景とを繋げて見なければ、本当の価値は見出せません。これもいわば、先ほどからお話ししている、その地域の物語を読み解くということです。

スリリングで面白いまち歩きを伝えていきたい

高井　最後に、日々忙しく日本全国を飛び回っておられる先生のリフレッシュ法とご自身の夢をお聞かせください。

西村　難しい質問ですね。リフレッシュになるようなことはまったく何もしていないものですから。強いて言うなら、いちばん気分転換になるのは、仕事に絡んでしまいますが、今までに行ったことのないまちを歩くときですね。アジアのまちに行くことも多くて、そういったところを歩くといろいろと刺激を受けて心が躍ります。「まち歩きは本を読むようなものだ」とお話ししましたが、私にとってまちは本当に書物みたいに見えるのです。だから、いろいろな読み方ができます。人が住んでいるのだから、物語がないわけがないでしょう。まちを読み解くというのは、非常にスリリングです。こちらがいろいろな引き出しをもっていればもっているほど、読み方もどんどん多様になるのが面白いですね。

高井 今後、ご自身としてこういうことをやってみたいという夢はどうでしょうか。

西村 時間が欲しいですね。まだ行っていないところに行きたいし、まち歩きは本当にスリリングで面白いということを何かに残しておきたいと思うので。

高井 あくまで仕事と興味がリンクしていますね。私自身、今日のお話からまち歩きがスリリングで面白いということを十分感じ、さまざまな発見をさせていただいた時間でした。本当にありがとうございました。

［インタビュアー］ 高井 一（たかい はじめ） 東海テレビアナウンサー。一九五三年、京都府生まれ。同志社大学文学部新聞学科卒。一九七六年、東海テレビに入社。一九九七年、名古屋大学大学院多元数理科学研究科修了。現在、東海テレビ編成局専門契約職。

註

★1 一九六〇年代後半、ベトナム戦争が激化の一途をたどり、国内では一九七〇年で期限を迎える日米安全保障条約の自動延長の阻止・廃棄をめざす動きが左翼団体により起き、これに連動するかのように学生によるベトナム反戦運動・第二次反安保闘争が活発化。時を同じくして、高度経済成長の中、全国の国公立・私立大学にベビーブーム世代が大量に入学し、ときに権威主義的で旧態依然とした大学運営に対して、学生側は授業料値上げ反対・学園民主化などを求め、各大学で全共闘が結成され、またそれに呼応した新左翼の学生が闘争を展開する大学紛争（大学闘争）が起こった。その象徴となったのが、一九六三年～一九六九年にかけての東大闘争。入試の中止や、学生約四〇〇〇人と警官約八五〇〇人が攻防戦を繰り広げた「安田講堂事件」が起きた。

★2 「コモンズ（commons）」は、近代以前のイギリスで牧草の管理を自治的に行ってきた制度として知られているもの。このような制度は、イギリスだけでなく世界各地で古くから行われており、日本でももともとは、「入会」「共有」という制度として機能してきたもの。

★3 世界遺産の中で文化遺産を選定する際の専門家による諮問機関。国際遺跡記念物会議（International Council on Monuments and Sites）。

2 個性と歴史が織りなすまちづくり

連携とリプロデュース

――都市工学がご専門ですが、なぜこの道に進もうと思われたのですか。これまでの経緯を簡単に教えてください。

学生時代から、理科系と文科系の両方にずっと関心があったんです。高校時代は哲学少年。文化や歴史に関心がある一方で、数学も好きだったので、本来ならば文科系の人間のはずなのに理科系に進んだんですよ。東京大学は入学後に進路を選べるので、理科系の中でも社会や文化にもっとも近い、都市計画の分野に決めました。

当時は高度成長期の最中で、一キロでも長く標準的な道路を造るとか、住宅難を解消するためにたくさんアパートを建てるとか、そういうことに一所懸命な時代でした。われわれの前の世代までは実際に都市を造っていましたが、大きなものを造るより、今あるものを活かそうという時代がようやく始まるところで、私自身もそうした都市計画をやりたいと思いました。

そこで、もっとも信頼できる先生に就こうと考え、大谷幸夫先生に師事したのです。大谷先生は都市・建築デザインが専門で、国立京都国際会館［★1］を設計された方です。建築家の丹下健三氏の後継者としても知られています。

私は旅行も好きなので、いろんなまちを見て、それぞれのまちの魅力を引き出すような都市計画を志しました。そうした「個性を大事にする」とか「歴史を大切にする」という考え方は、当時はまだ少数派でした。

声なき者に耳を傾ける

——西村先生は、弱者の視点や、女性、高齢者の立場からものを見て、まちづくりをしておられます。その姿勢は、学生時代から培われていたのですね。ご著書でも、「声なき者に耳を傾ける」という大谷先生の教えを紹介していらっしゃいます。

都市計画という分野は、いろんなものを規制していくわけです。たとえば、ここを広場にするとか、ここに道路を造るとか、ここに公共施設を造るとか、高さはこれくらいにしなさいとか。そういう意味で、非常に権力に近いところにあります。権力と一緒にやっていると、いろんな人と関わり合って居心地がいいわけですよね。

でも、私は個人的に、それでいいのか？ と疑問に思っていたんです。そのとき、大谷先生が、「強い者のための都市計画なら、いろんな人がいろんなところでやっているし、お金や力を使えばどんな技術でも実現し得る。しかし、大学ですべきことは、それだけではないんじゃないか？ なかなか声が出なかったり、かたちにならなかったりするような人の声に耳を傾けることこそ、大学にいる人間の役割じゃないか」と言われて、私自身も共感しました。

大きな道を造って大きな建物を建てると、そこに暮らしていた人たちは、どこか別の場所へ行くわけです。だから、そのまちの記憶というものがなくなってしまいます。そうした記憶を全部なくして、再開発の立派なものばかり造っていいのかというそもそもの疑問もありました。大学にいて仕事をするからには、もう少し弱者の視点というか、声なき声みたいなところにきちんと耳を傾けるような仕事をしたいと思っていたんです。そんな考え方も、当時は少数派だったと思います。

その後、大学教員になり、一九八八年から九〇年まではタイのバンコクにあるアジア工科大学でも教えました。行ってみてすごくよかったと思うのは、今までとは違うものの見方ができたことです。われわれの受けてきた教育は、欧米を手本として、日本はどう進んでいくかという、先頭集団を見習おうというものでしたから。

しかし、都市を考えるということは、そこに住んでいる人たちのことを考えるということです。先進国だけに人が住んでいるわけじゃない。さまざまな問題を抱えた、ある意味でものすごく大きく変化しているアジアの途上国もあるわけです。国際機関がつくった大学でしたから、私も一六か国もの国々の学生の論文指導をやりました。ダッカに行ったりカトマンズに行ったり、それぞれの地域の学生が取り組んでいる現場にも行きました。そして、そのつど、いろいろ考えさせられました。

タイに行く前は、日本は欧米に比べて遅れているから、日本をもっと良くしないといけないんだ、そのことが大事なんだ、そのためにもそれぞれの都市で頑張るんだというふうに思っていましたが、日本へ帰る頃には考えがすっかり変わっていました。

日本は、アジアの途上国に比べるとはるかに進んだところにいます。でも、それを日本だけがさらに前進していくという考え方では良くないのではないか。日本もアジアの一部なのだから、同じアジアの人間として、日本も含めてアジアのまちづくりをしたい、そう思うようになったんです。権力の側に身を置くよりも、弱いところに身を置きたいという気持ちが常にあるのかなと自分で思います。天邪鬼なのかもしれないんですが。

――まちづくりや都市計画をする際、どのようなコンセプトに基づいて取り組んでおられるのですか?

最先端の大都市を造るのではなく、中小規模の都市や、あまり元気のないところを応援するようにしてきました。これからは高齢化が進み、都市も成熟化していきます。その中で、人びとがどう生きていくのか、どんな暮らしのイメージをつくるのか、「この地域に住んでいてよかった」と思えるまちをどうやってつくっていくか。地に足が着き、規模も大きくない、それぞれの人のニーズにうまく合わせられるようなまちづくりを、いろんな人の声を聞きながら住民参加型で進めることを大切にしています。

そして、新しいものをつくるよりも、今あるものをいかに再発見していくか。そのために、今ある資産をどのように活かしていくか。そのためのプロセスはどうあるべきかという細かいことを考え続けています。

物事の考え方には、演繹的と帰納的とがありますが、われわれの分野は演繹的には考えられないのです。都市は一つひとつが違っていて、現場に入るとその違いに魅了されてしまうんです。しかし、それでは毎回違うことをしてしまうので筋が通らず、体系化ができません。ところが、よく見ていくと、共通する部分が帰納的に見えてくるのです。ようやく今、どのように都市を見れば、個性が宿る場所や個性の質が見えてくるのかということがわかってきたところです。

よく、比喩的に「都市は生きている」といいますね。実際、生命体のように、ある機能を展開しながら有機的に育ってきているんですね。地図上では同じように見えても、たとえば地形的に坂道があるかどうかで、実際に行くと感じがまったく違います。その坂道がいろんなものを規定していて、有機的な成長を遂げたところは坂道が曲がっている。そのほうが安定しているんでしょうね。そうした複雑な坂道が何重にも連なって都市ができあがっていて、それが坂の上と坂の下をうまく結びつけ、また切り離しているんです。

こうしたことは、行ってみて初めてわかることですから、地図だけを見ても実感できないんですね。実際に現場に行って、自分で見て、実感することが非常に大切なんですよ。

都市の見方を科学にする

――都市というか複雑な世界を、初めてサイエンスの世界というか定量世界に持ち込んだわけですね。ご著書の『都市保全計画』（東京大学出版会、二〇〇四）は、その体系化を考えたひとつの成果と言えるのでしょうか。

「都市開発」をするための技術体系は従来からあります。しかし、そういう技術的な体系とは違うことをしようとしているので、方法論がなかった。一方で、大学でこういう名前の講義をやっていたので、とにかくまず最初に教科書を作るつもりだったんです。そういうなかで、一個一個の事例を積み重ねながら探っていくうちに、自分なりに徐々にそのかたちが見えてきました。『都市保全計画』は、こうしたものを初めて体系化しようとしたものなのです。

ところが書いていくうちに、内容がどんどん広がっていってしまいました。これではちょっと教科書にならないということになったんですけれども、編集者と話をして、こういう本はこれまでもないので、せっかくだから私が必要だと思うものはみんな入れたらどうか、この際、厚くなってもいいじゃないかということで。しかし、一万五〇〇〇円もするから、学生が買えないんですよ（笑）。

――近著の『図説　都市空間の構想力』（学芸出版社、二〇一五）は、どういう手法で都市空間を考え、そこに内在されているような原理的なものを見ていくかという方法論を

『都市保全計画』

『都市空間の構想力』

示したものかと思いますが、これについてお話しいただけますでしょうか。

そもそも町というものはどういう個性があって、どっち向きに何を努力しないといけないかというのを知らないと、その先の計画も立てられません。研究室でさまざまな都市に入っていって調査をしていくなかで、これも研究室としてやり始めて二〇年少し経っているんですけれども、やはり都市を体感してその個性を理解するための共通した考えの道筋というのがあるというのが徐々にわかってきました。それをいくつかの手法で分類することができます。

ひとつは、人がそこに住むときには、たとえば「安全なところに住みたい」というような何らかの判断をしてその場所を決めています。それを見る必要があります。

都市の立地を考えるとそこには何かの判断があって、ほかではないこの場所が選ばれているというところが当然あるんです。つまり地形の中でなぜそこに人が住むようになったか、たとえばなぜ城下町ができたかとか、そういうことを考えていくと、やっぱり理由がわかるんです。

丘陵のいちばん突端で見晴らしがいいということを安全だと考えたり、水が得やすいとか、周りから少し高いところだとか、川の合流点であるとか。ある意味、人が自ずとそういうところに住むであろう、選んできた場所のもっている吸引力みたいなものがあるわけです。

その次に、やはり都市なのである種の構造をもっていますから、それを見るのです。山に向かって道があるとか、神社があるとか、お城があるとか、いちばん重要な草分けの住宅があるとか、そこから物事が始まっていくようなことが道路のネットワークでずいぶん読めるわけです。

もちろんその後で駅ができるなど、たくさんの変化が起こります。その時どきに人びとは、この都市はこうあるべきだとさまざまな構想をするわけです。一人ひとりが考えることの積み重ねで、誰か一人が考えたわけじゃないけれども、それぞれの施設が置かれるときにはそれぞれの判断があったと思うんです。そういうのを集合的に見るとやっぱり誰かが構想しているんだと、擬人的にいえば都市が構想しているとも言えるわけです。

次は小さいところを見ることです。建物を見ると玄関があって床の間があって台所があってというのは、ある意味、都市の中に入り口やメインとなる場所があるという構造と似ています。一つの小さいところに小宇宙があってそこから世界を見て取るというような、細部にこだわって見るということもすごく大事なんです。ある広場とか、ある通りとかいうところだけを細かく見るなかでわかってくることもあるのです。

そういう意味で細部というのは重要なんですが、同時に全体を見て、全体をどのように分割するかとかというなかで都市が見えてくるところもあるので、細部から見るのと全体を見るのとは対になっているんです。

最後は「時間」とか「空間」のアクティビティから都市を見るということ、それから「時」の方の時間変化とか季節とか、そういうものから都市を見るということです。

このような異なった視点で都市を理解しようとすると、その都市の個性みたいなものがよく見えてくるのです。すると、それから先の計画というのは、その先を進めればいいので、説得力をもって立てられるんです。

都市の歴史をさかのぼる

――人が住む場所には、複雑な大都会から、地方の簡素な集落までさまざまな形態がありますね。その中から都市を見るための一つのルールをあぶり出すとき、まずは簡単なものから見つけていき、複雑なところでも成り立っていることを確かめるという方法になるのでしょうか?

そうです。最初に大都会を見ると、複雑過ぎて、何がどういう仕組みで成り立っているのかわからなくなる場合もあります。そんなときは、小さな町から類推して考えます。また、古い地図を使って歴史をさかのぼる方法もあります。今は大都会になっていても、昔は田んぼに囲まれた小さな集落だったりするので、本質的なところが見えてくるんですね。この通りがいちばん古くて、そこにこの建物ができ、徐々にいろんなものができていって、まちが大きくなった。そうした流れが見えてくるんです。単純化するには、都市の歴史をさかのぼることが有効なのです。

ＮＨＫテレビに、まちを歩きながら、地形の謎やまちの成り立ちを探っていく『ブラタモリ』という番組がありますが、われわれは三〇年ぐらい前から『ブラタモリ』をやっているようなものなんです。ですから、番組のおかげで坂道や傾斜に関心をもつ人が増えたのはうれしいですね。

――地方創生にも力を注ぎ、貢献しておられますね。そういった活動を見ていると、よく、これほどアクティブにいろんなところを回っておられるなと驚かされます。

どの地域に行っても、「なぜ、このまちはこんなふうになっているんだろう?」「ここ、変わっているね」と思うわけです、たくさん見ていますからなおさらなのです。そうして見ていくと、「ああ、なるほど。こういうふうにしてこのまちはできたのか」と、まちの物語が見えてきます。すると、その先の物語、次の章みたいなものも考えやすくなるじゃないですか。そして、「このまちは、こんなに面白いよ」ということを地元の人たちに伝えるわけです。

地元の人にとってみると、自分が住んでいるまちだから「当たり前」で、珍しくもないですよね。それをわれわれが面白がるのがうれしいらしく、「そんなことは考えてもみなかった」とよく言われるんです。そして、「考えてみると、そう言われればそうだよね」と気づいて、自分たちのまちに自信をもっていくんです。

さらに、「この部分をこういうふうに磨けば、もっと良くなるよね」という感じで次の一歩を提案すると、「それはそうでしょう」となる。みんなの意見になるわけです。それがいいんです。

われわれプランナーが行って、「これが正しい」「その方向に進むべきだ」みたいなことを言っても、住んでいる人は楽しくないですよね。自分の意見だと思えなければ楽しくない。ここが、私たちが建築家と少し違うところです。

建築家は、自分の作品をつくりますが、われわれが「自分の作品」などと言っても誰も受け入れてくれません。「これはあなたの作品です。われわれは、それを見つけるプロセスをお手伝いしているんです」という姿勢で関わることが大切なんですね。

教育も同じです。私は、学生に教えるというよりも、自分が面白がって、学生よりも面白いところを発見します。そして、「このように見ればいい」という取っ掛かりやポイントだけを伝えます。そうすると、学生たちはものすごい勢いで自ら取り組むようになっていくんです。

住んでいる人たちの本当の末端のところに届かないとわれわれの世界は動かない、そして末端をやることはある程度、先端にも通じるのかもしれないと思っています。

マクドナルドで見る景観規制

——世界中のマクドナルドの比較写真を撮り続けておられますが、これもまちを見ること、また研究に関係しているのでしょうか。

あまりほかの人には言っていないのですが、世界中のマクドナルド（以下、マック）の写真を撮っているんですね。日本にいると、マックって赤字に黄色のイメージじゃないですか。あれは必ずしも一般的じゃなくて、もうちょっと真っ白とか金だとか、実はいろんなバリエーションがあるんです。

何も規制がなければあの色（赤字に黄色）になっちゃうんです。ところが赤はだめとか、この場所ではけばけばしいのはだめとか、二階から上はだめとか、世界中にいろいろな規制があって、それに沿うためにまったく違ってくるわけです。写真に収めて比較すると、すごく個性が見えるんです。私はあれはその都市の景観規制がわかるリトマス試験紙だと思っています。景観規制が緩いと赤くなる（笑）。そうやって見ると非常に面白いんです。

京都は赤ではなく、赤でももう少し沈んだえんじ色みたいな赤じゃないとだめなんです。海外に行くと真っ白だったりします。

いちばん驚いたのは、ノルウェーの北の方にあるベルゲンという町、ここには世界遺産地区があるのですけれど、木造の真っ白の建物でそこに小さい白い字で「McDonald's」。ものすごくきれいなんです。別の機会にベルゲンの市役所の人に会った際に聞いたんですが、世界遺産地区に近い中心街なので規制が厳しくて、なおかつ家賃が高いわけですよね。規制が厳しくて家賃が高いところろっていったら、世界的企業じゃないと入れない。おそらく、そこではマクドナルドの売上げだけでは絶対にペイしないわけです。でも世界遺産のいちばんいいところだから、宣伝の意味があるわけです。

マックが世界の中で宣伝するという意味で言えば、そこに投資するのはあり得ると。なるほど、普通だと自社のコーポレートカラーがあるから、それでゴリゴリと進めていきますが、それとは全然違う世界企業の貢献の仕方があるわけですよね。こういうこともあるんだなと思って撮っているんです。

ベルゲンのマクドナルド

マックの今昔比較というのもあります。日本の中でも店舗のデザインはこのところ変わってきています。看板の文字にだんだんと英語が多くなって、ベージュとか白や黒が多くなってきてるんです。それは海外でもやっぱりそうなんです。海外で今と昔が撮れたら、なかなかこれは面白い。プラハのマックの今と昔なんて、そんなにないでしょう。そういうことをやっています。

本質を探り、多様な価値を認める

——西村先生は、世界の歴史的記念物や遺跡の保存に関わる非政府組織イコモス（国際記念物遺跡会議）の活動にも尽力し、日本イコモス国内委員会の委員長を務めておられます。世界遺産といえば、ピラミッドなどの古い遺跡や文化財が思い浮かびますが、徐々に様相が変わり、何でも世界遺産にされてしまうのではないかという気もしています。

私は以前から、歴史のあるさまざまな都市に関わるなかで、その歴史を活かして何かできないかと考えていたんです。世界的に見ると、そういう場所は世界遺産になるんですね。そこで、アジアの代表のようなかたちで世界遺産に関わるようになりました。

世界遺産はもともと、ピラミッドのような遺跡を守るための活動として始まりました。きっかけは、ナイル川の中流域にあったアブシンベル神殿が、アスワンハイダムの建設によって水没することになったことです。自国のお金でダムを造って自国の遺産がだめになるのだから、国内の問題としてエジプトが何かするべきだという意見もあったのですが、それ以上に、「エジプトだけでなく世界にとっての宝だから、世界で守るべきだ」という声が高まったのです。

そして、日本を含む世界中の国や地域がお金を出し、ユネスコの主導で、水没しない場所への移設が成功しました。これが世界遺産のきっかけです。

このように、「世界の宝を守る」という目的で始まったのですが、広がるにつれて、次の段階へと進んでいきました。一九九〇年代の半ばあたりから、世界遺産に認定されたものがヨーロッパでたくさん増えてきて、ヨーロッパばかりでいいのか、もっと別のところに別の宝があるんじゃないかということが言われるようになったんです。

当初ヨーロッパが中心になっていたのは、ヨーロッパの感覚で価値を評価する仕組みができあがっていたからです。日本は木造だし、中東は日干し煉瓦だから、石造りの教会やモニュメントを探しても、そんなものはないに等しいわけです。

しかし、ヨーロッパだけに価値があり、他のところには意味がないのかといえば、「そんなことはないでしょう」となるわけですよね。そこで、もっと多様に見なければならないという価値の転換が起きたんです。

ちょうど、一九九二年に日本も世界遺産条約を批准し、世界遺産の議論に参加するようになりました。たとえば、木造の建物についての議論です。木造の建物は、木が腐ると取り換えますよね。心柱は水がかからないから長持ちするかもしれないけれど、軒の方は雨に打たれたりするから修理をします。日本の建造物は、わりとコンスタントに細かな修理をして保たせているわけです。

しかし、法隆寺を訪れて、「世界最古の木造建築というので、古くてボロボロの建物を期待したのに、ピカピカして新しいじゃないか」とクレームをつける西洋の人がけっこういるんです。柱を丁寧に補修しながら、腐りかけたら取り換える。壁は換えていいんだというのがわれわれの感覚ですよね。ヨーロッパと日本では、文化に対する感覚が大きく違うのです。

このような目で見ると、まったく違う価値が見えてきます。そして、価値に対する考え方が広がります。日干し煉瓦だっていい、もっと言えばアフリカにある小高い丘にも価値があるんです。その小高い丘では、素晴らしい宗教行事が行われます。そのときは大勢の人が集まるけれど、行事のないときは単なる丘なので、今までの感覚でいえば、「単なる丘には価値がない」ということになります。

しかし、地元の人たちにとってみると、すごいイベントやセレモニーのイメージがあるので、単なる丘ではないわけです。見晴らしのいい小高い丘があるからこそ、その場所で、そのセレモニーが行われるようになったのだと考えると、その風景は、そこに価値を生み出したまさに構想力のようなものだといえます。普段は単なる丘ですが、聖なる行事の舞台という意味もあるというわけです。

このように、文化についての知識がなければ価値を読めないものにも対象を広げていいじゃないかということになり、世界遺産はどんどん広がっていきました。いろいろな世界遺産がある方が、世界の文化の多様さを表現することになるという方向ですね。

このように、ヨーロッパ以外の価値を認めるような柔軟性が出てきた背景には、日本が加わったことによる影響があります。日本は、世界遺産条約を批准した段階で、木造の建物を保存するということをすでに一〇〇年ほど前から組織的に行っていて、技術者育成も以前からずっとやってきていたからです。

さらに、修理に関しては何百年にわたって続けてきており、日光東照宮の場合、一七世紀頃から行われてきた修理の資料がすべて残っているんです。漆も、約五〇年ほどで塗り替えなければなりませんが、そのつど、同じ場所から材料をもってきて、同じような技術でつくり続けてきたことが記録に残っています。そうすると、今塗っているのは新しい漆だけれど、技術そのものは連綿と続いているわけだから、これは古いと言えるのではないか。ヨーロッパの石が古いのは物が古いということだけど、こっちは技術が古いんだと言えるわけです。

しかも、このような修理が行われてきたという記録は、ヨーロッパにもないほど精密です。こうした価値に対し、どちらが良くて、どちらが劣っていると言えますか、と。これらの資料には学問的な裏づけもあるし、証拠も残っているんですよ、と。そんな議論を重ねるうちに、ヨーロッパの人たちも、積極的に価値を認めるようになっていったんです。

都市の意図を探る

――都市空間や都市デザインというのは堅い世界かと思っていましたが、人と歴史が織りなす素晴らしい世界なのですね。耳を澄まして地元の声を聞き、友となった住民との密なコミュニケーションを通して、その地域がもつ「意図」を見抜く。地域の面白さや個性を住民としっかりと共有することで、地方創生がスタートする。西村先生の都市デザインにかける情熱と哲学を感じました。今後は、どのような研究に取り組んでいかれるのですか。

やりたいことがいくつかあります。ひとつは、実際の現場ではこんなふうに都市を読めるんだ、こんなに面白いんだというような本を書きたい。ある意味、実践編ですね。そして、それぞれのまちに住んでいる人にも、「ああ、こんな見方もあるんだ」「こういうところに面白いヒントがあるんじゃないか」ということを感じてもらえたらと思います。

そして、現在興味をもっているのが「祭り」です。これまでずっと、都市を研究してきましたが、都市の魅力がもっとも花開くのはお祭りのときなんです。普段の生活からは想像もできないようなまちの使われ方をするし、コミュニティの姿もあらわになるので、そこを知らなければ、その土地を一〇〇パーセント理解したことにはならないだろうと思っているんですね。

とはいえ、祭りは一年に一回しか開かれませんから、大学に勤めている間は、各地の祭りを見て回るのは無理です。リタイアして少し時間ができたら、祭りのときに都市というものがどのように輝くのかを見たい。そういう視点で都市を読み解き、本にも書きたいと思っています。

註

★1　日本の国際会議施設の一つ。京都府京都市左京区岩倉に所在し、宝が池公園に隣接する。日本人建築家・大谷幸夫の設計による代表作である。

初出一覧

第1章　まちの個性を追究する

1　講演　景観の概念――景観の特質をいかにとらえ、景観をどのように理解するか
▼「景観の概念――景観の特質をいかにとらえ、景観をどのように理解するか」『景観まちづくり建築専門家育成のための――景観まちづくり講座（講義）テキスト』二〇一三年三月、住まい・まちづくり担い手機構

2　講演　歴史的集落・町並みの保全――未来への展望
▼「歴史的集落・町並みの保全――未来への展望」『地域に活きる歴史の町並み――伝統的建造物群保存地区制度三五周年記念　シンポジウムの記録』二〇一〇年一一月、全国伝統的建造物群保存地区協議会事務局

3　講演　都市におけるストックとは何か――東京の都市構造を手がかりに考える
▼「都市におけるストックとは何か――東京の都市構造を手がかりに考える」『アーバンストックの持続再生――東京大学講義ノート』藤野陽三・野口貴文編著、東京大学21世紀COEプログラム「都市空間の持続再生学の創出」著、二〇〇七年、技報堂出版

4　講演　世界遺産・五箇山の保存とこれからの活用のあり方
▼「これからの世界遺産・五箇山の保存と活用のあり方」『白川郷・五箇山の合掌造り集落　世界遺産登録二〇周年記念事業報告書』二〇一六年三月、世界遺産五箇山合掌文化アカデミー事業実行委員会

5　講演　熊川の町並みから有機的まちづくりを考える
▼「熊川の町並みから有機的まちづくりを考える」『平成二六年度全国伝統的建造物群保存地区協議会

総会・研修会の記録』二〇一四年五月、第三六回全国伝統的建造物群保存地区協議会 総会・研修会若狭町実行委員会事務局 若狭町歴史文化課内および全国伝統的建造物群保存地区協議会事務局 萩市歴史まちづくり部文化財保護課

第2章　文化遺産・観光と向き合う

1　講演　世界遺産条約採択四〇年を振り返る——深化しつつある人類と地球の価値
▼「世界遺産条約採択四〇年を振り返る——深化しつつある人類と地球の価値」『世界遺産年報二〇一三』二〇一三年一月、日本ユネスコ協会連盟編

2　講演　世界文化遺産とまちづくり
▼「世界文化遺産とまちづくり」『TOMIOKA世界遺産会議ブックレット七』二〇一六年、上毛新聞社

3　講演　自治体は観光をどう受け止めるべきか
▼「自治体は観光をどう受け止めるべきか」『「都市問題」公開講座ブッククレット三六　自治体と観光』二〇一六年、後藤・安田記念東京都市研究所

4　対談◆神崎宣武　町を歩き、町を考える
▼「まほら対談　町を歩き、町を考える」『まほら』五九号、二〇〇九年四月、旅の文化研究所

第3章　都市を語る

1　対談◆北川フラム　アートは地域を再生する
▼「北川フラム×西村幸夫　アートは地域を再生する」『季刊まちづくり』二七号、二〇一〇年七月号、学芸出版社

2　対談◆森まゆみ　次のステージに立つ「地域」

▼「森まゆみ×西村幸夫　次のステージに立つ「地域」」『季刊まちづくり』二八号、二〇一〇年一〇月号、学芸出版社

3　対談◆広原盛明　計画からマネジメントへ

▼「広原盛明×西村幸夫　計画からマネジメントへ」『季刊まちづくり』二九号、二〇一一年一月号、学芸出版社

4　対談◆林泰義　民間事業は前進する

▼「林泰義×西村幸夫　民間事業は前進する」『季刊まちづくり』三〇号、二〇一一年三月号、学芸出版社

第4章　都市への道を歩む

1　インタビュー　「まちのドラマ」を読み解くことがまちづくり・都市づくりの原点

▼「高井一の中部に活！「まちのドラマ」を読み解くことがまちづくり・都市づくりの原点」『中部圏研究』一八五号、二〇一三年一二月二日刊、中部圏社会経済研究所

2　インタビュー　個性と歴史が織りなすまちづくり

▼「個性と歴史が織りなすまちづくり」『ブレイクスルーへの思考』二〇一六年一二月、東京大学出版会

索引

西村幸夫（にしむら　ゆきお）
1952年、福岡市生まれ。東京大学都市工学科卒、同大学院修了。
1996年より東京大学大学院工学系研究科教授。専門は都市計画、
都市保全計画、都市景観計画など。工学博士。日本イコモス国内
委員会委員長、世界遺跡記念物会議（ICOMOS）元副会長。
主な著書に『西村幸夫 風景論ノート』『西村幸夫　都市論ノート』
（以上、鹿島出版会）、『都市保全計画』（東京大学出版会）など。
主な編著書に『世界文化遺産の思想』（東京大学出版会）、『都市経
営時代のアーバンデザイン』（学芸出版社）、『まちを読み解く——
景観・歴史・地域づくり』（朝倉書店）など。

西村幸夫《にしむらゆきお》 講演《こうえん》・対談集《たいだんしゅう》　まちを想《おも》う

2018年2月25日　　第1刷発行

著　者　　西村幸夫《にしむらゆきお》

発行者　　坪内文生
発行所　　鹿島出版会
〒104-0028　東京都中央区八重洲2-5-14
電話03-6202-5200　振替00160-2-180883

印刷・製本　　三美印刷

ISBN 978-4-306-07339-5　C3052

本書の内容に関するご意見・ご感想は下記までお寄せ下さい。
URL: http://www.kajima-publishing.co.jp/
e-mail: info@kajima-publishing.co.jp